Annette Schmitt

Labrador Retriever

Premium Ratgeber

unter Mitarbeit von
Carola Hudelmaier

bede bei Ulmer

Inhalt

Inhalt

Von den Ursprüngen zur Reinzucht

Als Jagdbegleithund wurde der Labi ursprünglich gezüchtet. Mit seinem „weichen Maul" bringt er das Wild unversehrt zu seinem Hundeführer zurück.

Neuesten molekulargenetischen Untersuchungen zufolge stammen die Vorfahren des Labrador Retrievers nicht, wie häufig angenommen, aus Neufundland/Labrador, sondern kamen erst Anfang des 16. Jahrhunderts mit portugiesischen und spanischen Seefahrern, die von den reichen Fischgründen angezogen wurden, an die neufundländische Küste von St. John's. Hier machten sich die Hunde schnell einen Namen als hervorragende Gehilfen beim Fischfang. Mutig sprangen sie an den schroffen Felsbuchten vom Boot aus in das eisige Wasser, um abgetriebene Netze an Land zu ziehen und die herausspringenden Fische aus dem Wasser zu holen. Mit ihrem öligen, Wasser abstoßenden Fell waren sie bestens an die Arbeit im kühlen Nass angepasst.

Trotzdem überlebten nur die stärksten und robustesten Welpen, andere standen dieses harte Leben in dem ausgesprochen rauen, unwirtlichen Klima nicht durch. Mit den Jahren kristallisierten sich in Neufundland aus allen Fischerhunden zwei spezielle Hundetypen heraus: ein großer, starker Vierbeiner mit einem dichten, vor Nässe und Kälte schützenden Pelz, der hauptsächlich als Zugtier eingesetzt wurde und aus dem sich der heutige Neufundländer entwickelte. Und: der zunächst als „kleiner Neufundländer" oder „Water Dog" bezeichnete kleinere, kompaktere Hund, der sich bald auch bei der Feder- und Niederwildjagd als unentbehrlicher Apporteur bewährte. Letzteren Typ bezeichnete Colonel Hawker, der als Seefahrer in der ersten Hälfte des 19. Jahrhunderts regelmäßig mit seinem Schiff zwischen England und Neufundland verkehrte, als „St.-John's-Hund". Der wasserfreudige Vierbeiner verfügte über ein ausgezeichnetes Gedächtnis und konnte sich noch nach Stunden an genaue Fallstellen des Wildes erinnern. Außerdem zeichnete ihn ein „weiches Maul" aus, er

brachte das Wild also unversehrt zu seinem Führer zurück. Dies setze auch eine starke Bindungsfähigkeit zu seinem Herrn voraus. Labradors sind ebenfalls seit jeher bekannt für ihren „will to please", also ihren Willen, zu gefallen.

Für die Arbeit im kühlen Nass sind die Labradors mit ihrem Wasser abstoßendem, öligen Fell bestens angepasst.

Vom Fisherman's Friend zum Allrounder an Land

Als Anfang des 19. Jahrhunderts der Kabeljauhandel zwischen Neufundland und Großbritannien blühte, brachte Colonel Hawker die ersten „St.-Jone's-Hunde" in die britische Handelsmetropole Poole. Sie gelten bis heute als die Zuchtbasis aller Retriever-Rassen. Schnell erlangten die eifrigen Vierbeiner in Adelshäusern als Jagdhunde große Beliebtheit. Der erste bekannte Züchter war der englische Earl of Malmesbury. Er baute 1830 seinen Zwinger auf. Lange Zeit züchtete er nur mit Importhunden aus Neufundland, um deren Eigenschaft als wasserliebende Apportierhunde zu bewahren. Vermutlich wurden später auch andere Jagdhunde, vornehmlich

Beinahe wären die Labrador Retriever ausgestorben, nachdem die Nachfrage nach ihnen einbrach.

Die schwarze Fellfarbe ist typisch für den Labrador. Erst Ende des 19. Jahrhunderts soll es den ersten Wurf mit gelben Welpen gegeben haben. Diese Färbung galt anfangs als unerwünscht.

Pointer und St. Hubert's Hounds, eingekreuzt, um die Jagdleistung weiter zu steigern und die begehrte schwarze Fellfarbe zu festigen.

Außerdem sorgte ein Schuss Mastiffblut für mehr Substanz; Wasserhunde wie die Barbets verstärkten den Retrieverinstinkt. Anfangs wurde nur mit schwarzen Hunden gezüchtet. Diese selektierte man konsequent entsprechend ihrer jagdlichen Leistungsfähigkeit. Die Hunde des ersten und zweiten Earl of Malmesbury machten sich rasch als hervorragende Apporteure bei der Entenjagd einen Namen. Der Earl selbst legte um 1870 die heutige Rassebezeichnung „Labrador Retriever" fest, um eine Vereinheitlichung im bis dahin existierenden Namens-Wirrwarr zu

schaffen. 1880 erlebte die Rasse einen schweren Einbruch, zugunsten des Flat Coated Retriever, der die damalige britische Jagdszene im Zuge der aufkommenden Treibjagden, dominierte. Nur dem dritten Earl of Malmesbury ist es zu verdanken, dass der Labi nicht endgültig ausstarb: er begeisterte in dieser Zeit auch den Duke of Buccleuch und den Earl of Home für die Entenjagd mit seinen Labradors und gab den beiden einige seiner Hunde, mit denen diese sogleich ein Zuchtprogramm starteten.

Mehr Farbe kommt ins Spiel

1899 soll der erste gelbe Welpe in einem schwarzen Wurf gefallen sein. Gelbe Welpen galten zunächst als untypisch und wurden getötet. Mit der Zeit fand sowohl die gelbliche als auch die schokoladenbraune Fellfarbe ihre Liebhaber. Die ersten schokoladenfarbenen Labradors fielen im Zwinger „Buccleuch" des gleichnamigen schottischen Dukes. Das äußere Erscheinungsbild des einstigen „kleinen Neufundländers" veränderte sich über die Jahre hinweg kaum. Im Laufe einiger Jahrzehnte entstand ein mittelgroßer, kräftig gebauter Hund mit breitem Schädel, kurzem, harten Haar mit dichter, wasserabstoßender Unterwolle und mit einer charakteristischen, dicht behaarten, Otterschwanz-ähnlichen Rute ohne Befederung. 1903 erfolgte die Anerkennung durch den Kennel Club unter dem Rassenamen „Labrador Retriever". Fortan sah man die Hunde häufig auf Ausstellungen oder bei Field Trials (= Jagdprüfungen mit frisch geschossenem Wild). 1916 gründete sich der britische Labrador Retriever Club. In den 1920er-Jahren wurden gelbe Labis immer beliebter. 1925 formierte sich in Großbritannien sogar ein eigener Club für die gelben Hunde, der auch einen extra Rassestandard einführen wollte. Diesem Antrag gab der Kennel Club jedoch nicht statt, sodass alle Farben bis heute als Varianten derselben Rasse miteinander gekreuzt werden dürfen.

Ein Hund und zwei Zuchtlinien

Nach dem Zweiten Weltkrieg stieg die Popularität des Labrador Retrievers sprunghaft an. Schon damals entwickelten sich zwei unterschiedliche Zuchtlinien: zum einen die sogenannte „Show-Linie", die ihren Schwerpunkt auf das äußere, möglichst imposant wirkende Erscheinungsbild legt, wie es auf Hundeausstellungen gefragt ist. Und zum anderen die „Arbeits-" oder „Field-Trial-Linie", die ganz gezielt auf Arbeitsleistung, Arbeitswillen und Temperament, also primär für den jagdlichen Gebrauch gezüchtet wird. Hunde aus Field-Trial-Linien sind ihrem Einsatz entsprechend leichter gebaut, wendiger und beweglicher als Vertreter der Show-Linie. Außerdem sollen

Der Labrador zählt heute zu den beliebtesten Hunderassen der Welt. Obwohl es zudem sowohl gelbe als auch schokobraune Fellfarben gibt, ist die schwarze am weitesten verbreitet.

Die Nachfrage nach den süßen Labi-Welpen ist unverändert groß – Tendez sogar steigend.

sie sich noch enger an ihre Menschen anschließen. Inzwischen haben sich beide Linien so weit auseinander entwickelt, dass ein und derselbe Labrador heute nicht mehr die Anforderungen beider Zuchtlinien gleichzeitig erfüllen kann. Früher war dies noch möglich; solche Hunde nannte man damals „Dual Posed". Heutzutage überwiegen eindeutig die nicht jagdlich geführten Labis.

Inzwischen zählt der Labrador zu den häufigsten Rassen der Welt. Die schwarze Fellfarbe ist vor der gelben am weitesten verbreitet; schokobraune Hunde sind nach wie vor relativ selten, erlangen jedoch zunehmende Beliebtheit.

Anfang der 1960er-Jahre kamen die ersten Labis nach Deutschland. 1966 wurde der erste Wurf beim VDH eingetragen. Heute ist der Labrador auch hier eine der beliebtesten Hunderassen überhaupt. 2008 vermerkt die Welpenstatistik des VDH über 2400 eingetragene Hunde, Tendenz steigend. Längst ist der vielseitige Labi also zu einem Modehund geworden. Bleibt nur zu hoffen, dass dieser Trend der Rasse auf Dauer nicht schadet.

Herkunft des Rassenamens

Der Name „Retriever" existierte schon, bevor es Retrieverrassen überhaupt gab. Er bezeichnete einen Jagdhund, der geschossenes Flugwild aufsuchen und bringen musste (engl.: to retrieve = auffinden, bringen). Diese Tätigkeit war zunächst an keine bestimmte Rasse gebunden, Voraussetzungen waren nur eine große Vorliebe für Wasser, eine gutes Schwimmvermögen, Freude am Apportieren und ein dichtes Fell mit gut isolierender Unterwolle.

Die Bezeichnung „Labrador" im Rassenamen ist nach Ansicht von Experten nicht auf den zu Neufundland gehörenden Landstrich Labrador zurückzuführen, sondern auf das portugiesische Wort „lavradores" beziehungsweise das Spanische „labradores", das so viel wie „Arbeiter" bedeutet. Für diese These spricht auch die Existenz einer portugiesischen Ortschaft namens Castro Laboreiro, in der es bereits Labrador-ähnliche Hunde gab, die „Cao de Castro Laboreiro" genannt wurden und eine Unterart des „Portuguese Cattle Dog" sind.

Der Labrador Retriever hat ein ausgeglichenes Wesen, ist freundlich und will seinem Besitzer unbedingt gefallen.

Im Standard ist festgehalten, wie ein perfekter Hund der Rasse auszusehen hat. Zudem wird ein kurzer Einblick in Veranlagung und Wesen darin gegeben. Der Rassestandard des Labrador Retrievers wurde vom Kennel Club festgelegt und in etwa von der FCI übernommen.

FCI-Standard Nr. 122/29.1.1999/D
Übersetzung Uwe H. Fischer.

Ursprung Großbritannien
Datum der Publikation des gültigen Original-Standards 24.06.1987
Verwendung Apportierhund

Klassifikation FCI Gruppe 8 Apportierhunde, Stöberhunde, Wasserhunde.
Sektion 1 Apportierhunde.
Mit Arbeitsprüfung.

Allgemeines Erscheinungsbild Kräftig gebaut, kurz in der Lendenpartie, sehr rege; breiter Oberkopf; Brust und Rippenkorb tief und gut gewölbt; breit und stark in Lende und Hinterhand.

Verhalten und Charakter Ausgeglichen, sehr aufgeweckt. Vorzügliche Nase, weiches Maul; begeisternde Wasserfreudigkeit. Anpassungsfähiger, hingebungsvoller Begleiter. Intelligent, eifrig und willig, mit großem Bedürfnis, seinem Besitzer Freude zu bereiten. Von freundlichem Naturell, mit keinerlei Anzeichen von Aggressivität oder deutlicher Scheue.

Kopf – Oberkopf
Schädel Breit, gut modelliert ohne fleischige Backen.
Stopp Deutlich ausgeprägt.

Gesichtsschädel
Nasenschwamm Breit, gut ausgebildete Nasenlöcher.
Fang Kraftvoll, nicht spitz.
Kiefer/Zähne Kiefer von mittlerer Länge; Kiefer und Zähne kräftig mit einem perfekten, regelmäßigen und vollständigen Scherengebiss, wobei die obere Schneidezahnreihe ohne Zwischenraum über die untere greift und die Zähne senkrecht im Kiefer stehen.

Ein Labi darf keine Anzeichen von Aggressivität zeigen. Darum kann er für Kinder ein guter Kamerad sein.

Augen Mittelgroß, dabei Intelligenz und gutes Wesen zeigend, braun oder haselnussfarben.

Ohren Nicht groß oder schwer, dicht am Kopf anliegend, hoch und ziemlich weit hinten angesetzt.

Hals Trocken, stark, kraftvoll, in gut gelagerte Schultern übergehend.

Rücken Obere Linie gerade.

Lendenpartie Breit, kurz und kräftig.

Brust Von guter Breite und Tiefe, stark gewölbter, „fassförmiger" Rippenkorb.

Rute Kennzeichnendes Merkmal, sehr dick am Ansatz, sich allmählich zur Rutenspitze verjüngend, mittellang, ohne Befederung, jedoch rundherum stark mit kurzem, dickem und dichtem Fell bedeckt, damit in der Erscheinung „rund", dies wird mit „Otterrute" umschrieben. Kann fröhlich, sollte jedoch nicht gebogen über dem Rücken getragen werden.

Gliedmaßen

Vorderhand Vorderläufe mit kräftigen Knochen und vom Ellenbogen zum Boden gerade, sowohl von vorne als auch von der Seite betrachtet.

Schultern Schulterblätter lang, schrägliegend.

Hinterhand Gut ausgebildet, zur Rute hin nicht abfallend.

Kniegelenke Gut gewinkelt.

Sprunggelenke Tiefstehend. Kuhhessigkeit im höchsten Masse unerwünscht.

Pfoten Rund, kompakt; gut aufgeknöchelt und mit gut ausgebildeten Ballen.

Gangwerk Frei, raumgreifend, dabei in Vor- und Hinterhand gerade und parallel.

Haarkleid

Haar Kennzeichnendes Merkmal, kurz, dicht, nicht wellig, ohne Befederung, fühlt sich ziemlich hart an; wetterbeständige Unterwolle.

Farbe Einfarbig schwarz, gelb oder leber/schokoladenbraun. Gelb reicht von hellcreme bis fuchsrot. Ein kleiner weißer Brustfleck ist statthaft.

Größe

Typisch für den Labrador sind seine ausdrucksstarken Augen. Sie zeigen Intelligenz und gutes Wesen, sind mittelgroß, braun oder haselnussfarben.

Die Otterrute ist bei einem Labi meist in Bewegung.

Ideale Widerristhöhe: Rüden 56–57 cm, Hündinnen 54–56 cm.

Fehler
Jede Abweichung von den vorgenannten Punkten muss als Fehler angesehen werden, dessen Bewertung in genauem Verhältnis zum Grad der Abweichung stehen sollte.

Nachbemerkung
Rüden müssen zwei offensichtlich normal entwickelte Hoden aufweisen, die sich vollständig im Hodensack befinden.

Das Gangwerk des Labradors soll frei und raumgreifend sein.

Verhalten und Charakter

Wenn beide – Kind und Hund – zu einem richtigen Umgang und Verhalten miteinander angeleitet werden, steht einer gegenseitigen Freundschaft nichts im Wege.

Der Labrador Retriever ist sicherlich deshalb so beliebt, weil er neben seiner angenehmen Größe und dem praktischen Kurzhaar, auch ein äußerst liebenswertes Wesen hat. Allerdings entfaltet sich sein guter Charakter nur, wenn man voll und ganz auf seine Bedürfnisse eingeht.

So ist der einstige Fischergehilfe ein temperamentvolles Energiebündel, das beschäftigt werden will und muss. Um einen ausgeglichenen Labi zu bekommen, ist seine mentale Auslastung ebenfalls sehr wichtig. Nach wievor liegt ihm das Apportieren sehr stark im Blut. Nicht jagdlich geführte Labis kann man gut mit alternativen Bringaufgaben fordern. Mancher Labrador hat sich auch schon ganz von selbst und spontan als vierbeiniger

Interessanterweise haaren die gelben Labis deutlich stärker als die schwarz gefärbten Rassevertreter. Zudem haben sie ein weicheres Fell.

Wussten Sie schon ...?

Gelbe Labis haben ein etwas weicheres Fell als schwarze. Außerdem haaren die hellen Hunde deutlich mehr als die dunklen Rassevertreter. Relativ selten findet man weiße Flecken auf der Innenseite der Pfote, genau oberhalb der Ballen. Diese sogenannten „Bolo-Pads" sind in England begehrt, da solche Hunde auf den mehrfachen Champion Ch. FTCh. Banchory Bolo, einen der ganz großen Vererber der Labrador-Geschichte, zurückgehen. In Deutschland werden Bolo-Pfoten geduldet; angeblich gehen sie immer mit einer vorzüglichen Fellstruktur einher. Absolut unerwünscht sind gestromte (= brindle) Hunde.

Als treuer Familienhund ist der Labi für die Zwingerhaltung absolut ungeeignet. Er braucht seine Familie um sich, am liebsten 24 Stunden am Tag.

Haushaltshelfer entpuppt, beispielsweise, wenn er Herrchen zur Begrüßung die Pantoffeln bringt oder Frauchen ein verlorenes Wäschestück zur Waschmaschine trägt. Neben dem Apportieren ist Schwimmen seine zweite große Leidenschaft. Jeder Teich, jeder Bach und jede Pfütze werden genutzt, um in irgendeiner Form mit dem kühlen Nass in Berührung zu kommen. Den meisten Labis wird noch ein drittes Hobby nachgesagt, nämlich das Fressen. Hier ist natürlich wichtig, das richtige Maß zu finden und nicht zu oft auf die verführerisch bettelnden Augen der charmanten Hunde reinzufallen. Andererseits lässt sich diese Verfressenheit auch gut in der Erziehung ausnützen, denn es gibt (fast) nichts, was ein Labi nicht für ein Leckerli tun würde. Trotzdem: Achten Sie unbedingt auf eine sportliche Linie Ihres Hundes, denn nur so bleibt er lange gesund und aktiv.

Kinder liebt der Labrador über alles, vorausgesetzt natürlich, Hund und Kinder werden zu einem richtigen Verhalten und Umgang miteinander angeleitet. Mit ihnen geht er gerne auf Abenteuersuche und ist dabei für jeden Spaß zu haben. Außerdem ist er ein sehr einfühlsamer Freund, der sich genau auf die Stimmungslage seiner Besitzer einstellt.

Gute-Laune-Hund für einfühlsame Anfänger

Der intelligente Vierbeiner gilt als relativ leichtführig, daher eignet er sich auch gut für einfühlsame Anfänger. Sein steter „will to please" und seine rasche Auffassungsgabe ermöglichen eine leichte Erziehbarkeit. Dies heißt natürlich nicht, dass sich ein Labi von selbst erzieht. Nein, eine intensive Beschäftigung mit dem Vierbeiner ist auch und gerade bei dieser sensiblen Rasse für eine optimale Herr-Hund-Beziehung unerlässlich. Ruhige, verlässliche und souveräne Anweisungen bringen bei einem Labrador deutlich mehr als Härte und Drill. Sehen Sie Ihren Labi als Partner an, der mit Ihnen zusammen im

Team arbeiten möchte. Der schlaue Vierbeiner reagiert grundsätzlich sehr gut auf Ihre Stimme und Körpersprache. Außerdem spricht er hervorragend auf eine humorvolle, spielerische, aber dennoch konsequente Erziehung an. Es empfiehlt sich, von Anfang an eine gute Hundeschule zu besuchen, denn auch die Kraft dieser Hunde ist nicht zu unterschätzen und macht eine ordentliche Erziehung zusätzlich unerlässlich. Der Besuch einer Welpenspielgruppe ist sicherlich schon eine wichtige Grundlage für eine gute Prägung des Hundes.

Da das enorme Temperament des Labis schon mal in Hektik umschlagen kann, sollte der Halter selbst stets Ruhe, Souveränität und Geduld ausstrahlen. Zweibeinigen Hektikern und gestressten oder ständig nervösen Menschen sei von der Anschaffung eines Labradors abgeraten, ansonsten könnte seine Haltung für alle Beteiligten schnell in unnötige Anstrengung und Frust ausarten. Bei einer angemessenen Auslastung ist der schöne Vierbeiner im Haus ein ausgeglichener und verschmuster Zeitgenosse, der eindringlich

Für eine gute Prägung des Hundes ist der Besuch einer Welpenspielgruppe sicherlich schon eine wichtige Grundlage.

auf innige Zuwendung besteht. Wenn er darf, mutiert er gerne zum Couchpotatoe, der engen Körperkontakt zu seinen Leuten liebt. Selbst ein Dasein als Riesenschoßhund wäre ab und zu nach seinem Geschmack. Bei einem Labi muss man mit einer Anhänglichkeit rechnen, die manchmal auch als aufdringlich empfunden werden kann. So ist es durchaus möglich, dass Ihnen Ihre bellende Wasserratte liebend gerne sogar in der Badewanne Gesellschaft leisten würde …

Liebevolles Kraftpaket

Für die Zwingerhaltung ist der treue Familienhund absolut ungeeignet. Am liebsten ist der hübsche Vierbeiner immer und überall mit dabei. Alleinbleiben gefällt ihm nicht sonderlich, denn jede Trennung von seinen geliebten Leuten bedeutet für ihn Stress. Trotzdem aber kann man ihn dazu erziehen, drei bis vier Stunden manierlich zuhause auf

„Gemeinsam gehen wir durch dick und dünn – mein Hundekumpel und ich."

Wird der Labrador seinen Ansprüchen entsprechend gehalten, gibt er dies tausendfach in den gemeinsamen Jahren des Zusammenlebens zurück.

Ein gutes Team: Frauchen und Labi scheinen sich wortlos zu verstehen.

Herrchens oder Frauchens Rückkehr zu warten.

Ein artgerecht gehaltener Labrador sprüht vor Lebensfreude, Fröhlichkeit und guter Laune. Er ist für jeden Spaß zu haben und allem Neuen gegenüber aufgeschlossen, neugierig und anpassungsfähig. Die Wachsamkeit ist bei jedem Hund unterschiedlich ausgeprägt; in der Regel werden jedoch auch Fremde freundlich begrüßt. Ist der Labrador von einer Sache oder einem Menschen begeistert, zeigt er dies ausgelassen und stürmisch. Daher ist für das Begrüßungsritual eines Labis eine gewisse Standfestigkeit von Nöten, damit man dem Ansturm dieses liebevollen Kraftpaketes gewachsen ist und nicht einfach von seinen Liebesbezeugungen umgehauen wird. Aggressivität und Bösartigkeit sind der Rasse fremd. Wurde der intelligente Vierbeiner schon im Welpenalter gut sozialisiert, ist er normalerweise sehr verträglich mit Artgenossen, sodass er gut als Zweithund geeignet ist. An andere Haustiere gewöhnt er sich rasch und nimmt sie freundlich in sein Rudel auf.

Alles in allem ist der Labrador ein toller Allroundhund, der bei artgerechter Haltung und Auslastung viel Freude und unvergessliche Jahre des Zusammenlebens verspricht.

Auf den Punkt gebracht ...

„Menschen, die Wachsjacken und Gummistiefel für unmodisch halten, Regenwetter als persönliche Strafe empfinden und die nicht verstehen, dass für einen Labrador die nächste Schlammpfütze das hundliche Äquivalent für ein Wellnessbad mit Thermal-Whirlpool ist, sollten sich zu einer anderen Rasse orientieren." Alexander Krause, Labrador Club Deutschland e. V.

Das Apportieren liegt dem Labi nach wie vor stark im Blut.

Der Labrador Retriever heute

Der Labrador gehört wohl zu den vielseitigsten Hunderassen überhaupt. Kein Wunder, schließlich liegt ihm das Arbeiten schon seit Jahrhunderten im Blut. Aus vielen Gebrauchshundesparten ist der Labi heute nicht mehr wegzudenken. Andererseits mausert er sich mehr und mehr zum Modehund, der in manchen Kreisen als besonders chic gilt. Hier wird jedoch seine einstige Bestimmung als ausdauernder, zäher und eingefleischter Arbeitshund vergessen, der er nach wie vor immer und überall liebend gerne nachgeht.

Die Rassevereine tun ihr Übriges, den ursprünglichen Hauptberuf des Labradors, nämlich das Apportieren im Revier, nicht in Vergessenheit geraten zu lassen. So werden neben Dummy- und Gebrauchsprüfungen auch Field-Trials und Workingtests angeboten. Da die eigentliche Bestimmung des arbeitsamen Vierbeiners im jagdlichen Einsatz liegt und etliche Labis nach wie vor jagdlich geführt werden, ist dem Jagdgebrauch ein eigenes Kapitel in diesem Buch gewidmet.

Trotzdem muss ein Labibesitzer nicht unbedingt Jäger sein, um seinen Hund glücklich zu machen. Ein Labrador freut sich auch über Dummy-Training, Agility, Flyball, Fährtensuche & Co. Als Reitbegleithund ist der ehemalige Fischerhund ebenfalls gut geeignet.

Mit seiner feinen Nase gibt er außerdem einen hervorragenden Drogen-, Sprengstoff- oder Schimmelpürhund ab. Auch zur Fährten- und Flächensuche sowie zum Mantrailing wird er eingesetzt.

Selbst als Rettungshund für den Lawinen- und Trümmereinsatz macht der intelligente Vierbeiner eine gute Figur. Vor dem Ausbildungsbeginn zum Rettungshund erfolgt eine eingehende Prüfung auf Wesensfestigkeit und Nasenarbeit, denn nur physisch und psychisch völlig gesunde Hunde sind für diese Arbeit geeignet.

Treuer Gefährte für Menschen mit Handicap

Blinden Menschen ist der Labrador ein zuverlässiger und treuer Führhund. Aufgrund seiner ausgesprochenen Intelligenz und Anhänglichkeit ist er in diesem „Beruf" besonders begehrt.

Auch als Behindertenbegleithund kommt der sensible Vierbeiner zum Einsatz. Voraussetzungen für die Ausbildung sind Lernwilligkeit, Unterordnungsbereitschaft, eine hohe Reizschwelle, Aggressionsfreiheit und Apportierfreude. Neben den praktischen Hilfestellungen im Alltag, die der Labrador gehandicapten Menschen gibt, ist die positive psy-

chologische Wirkung solch eines vierbeinigen Helfers nicht zu unterschätzen. Ein Behindertenbegleithund verhilft zu neuem Selbstbewusstsein; er trägt maßgeblich dazu bei, eventuelle Hemmschwellen zu überwinden und verschafft Herrchen oder Frauchen schnell Kontakte zu anderen Hundebesitzern.

Als Gehörlosenhund macht der Labi hörgeschädigte Menschen auf Geräusche aufmerksam. Epileptikern kann er, nach einer speziellen Ausbildung, Frühsymptome eines Krampfanfalles anzeigen.

Wegen seiner Feinfühligkeit, Menschenfreundlichkeit und seines liebenswerten, souveränen Auftretens ist das intelligente Ar-

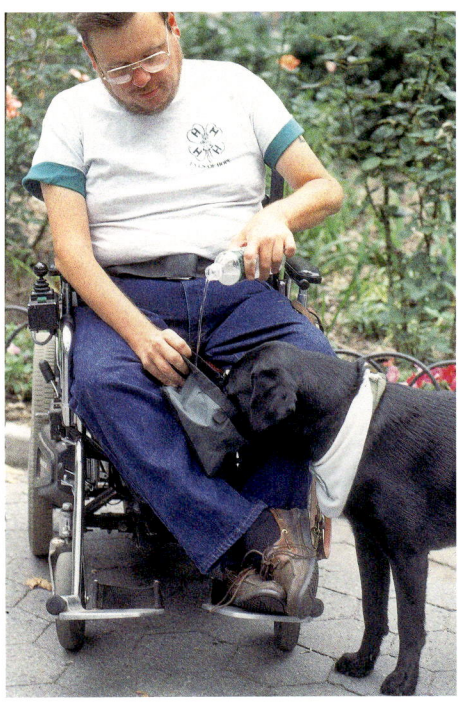

Der Labrador ist für die Ausbildung als Therapiehund bestens geeignet. Nicht nur die praktische Hilfestellung im Alltag, sondern auch seine positive psychologische Wirkung ist enorm wichtig.

Ein Labi braucht nicht viel zum Glücklichsein. Hauptsache, er darf ab und zu eine Runde schwimmen, mit Frauchen oder Herrchen spielen und bekommt ein wenig Abwechslung im Alltag.

Fährtensuche, Flächensuche, Mantrailing

Drei ähnlich klingende Begriffe, die für den Laien schwer zu unterscheiden sind. Alle drei Arten beinhalten die Suche nach vermissten Personen.

*Bei der **Fährtensuche** sucht der Hund anhand der Bodenverwundung nach einem Menschen. Der Vierbeiner ist dabei durch eine 10-m-Leine mit seinem Führer verbunden.*

*Die **Flächensuche** findet meist in unwegsamem Gelände oder in großen Waldflächen statt. Speziell ausgebildete Hunde durchstöbern die Gegend auf menschliche Witterung hin und dürfen nur Personen anzeigen (durch Verbellen), die sitzen, kauern, liegen oder sich kaum bewegen. Typische Einsätze sind Suchen nach vermissten Kindern oder verwirrten Menschen. Manchmal findet die Flächensuche auch mit zwei Hunden statt, die aus zwei verschiedenen Richtungen kommend einen Weg absuchen müssen.*

*Beim **Mantrailing** sucht der Vierbeiner an einer langen Feldleine eine einzelne Person anhand einer Geruchsprobe (z. B. Kleidungsstück). Die Suche beginnt am Ort des Verschwindens der Person, diese Stelle muss also bekannt sein. Der Hund soll der Spur sicher folgen und darf sich nicht durch andere Verleitungen (Tier- und Menschenspuren) ablenken lassen.*

beitstier ebenfalls ein toller Therapiehund. Altenheime, Krankenstationen oder Einrichtungen für Behinderte, die jemals mit einem Labi zusammenarbeiten durften, möchten ihn nicht mehr missen. Vor allem Kinder finden in dem charmanten Vierbeiner einen liebevollen und zarten Seelentröster, wenn es darauf ankommt aber auch einen lustigen Springinsfeld, der gekonnt von Alltagsproblemen und Krankheiten ablenkt.

Für einen glücklichen, ausgeglichenen Labi gilt: Hauptsache Abwechslung und ab und zu eine Runde schwimmen, dann ist der intelligente Vierbeiner rundum zufrieden.

Ob blond, ob schwarz, ob braun: Der Labrador gehört wohl zu den vielseitigsten Hunderassen überhaupt.

Anforderungen an den Halter

Gemeinsam mit Frauchen oder Herrchen die Natur genießen – das gefällt!

Fragen, die vorab zu klären sind

Überlegen Sie die Anschaffung eines Labradors gut, immerhin liegt seine durchschnittliche Lebenserwartung bei etwa 13 Jahren. Bedenken Sie daher schon im Vorfeld genau, ob es Ihnen finanziell möglich ist, für sämtliche Kosten, die der Hund mit sich bringt, über Jahre hinweg aufzukommen. Neben den Kosten für die Grundausstattung sowie für den Erwerb des Hundes selbst, schlägt sich die tägliche Futterration natürlich deutlich in Ihrem Geldbeutel nieder, zumal ein mittelgroßer, kräftiger Hund wie der Labrador Retriever mehr Futter benötigt als ein kleiner. Zusätzlich müssen Sie eine Haftpflichtversicherung sowie regelmäßige Impfungen und Entwurmungen bezahlen. Schnell kann Ihr Vierbeiner auch unvorhergesehen erkranken, unter Umständen sind sogar langwierige und teure tierärztliche Behandlungen nötig.

Überlegen Sie außerdem, ob die äußeren Gegebenheiten stimmen. Haben Sie genug Platz für einen Labrador? Der vierbeinige Naturbursche passt nicht unbedingt in ein Hochhaus in der Innenstadt. Auch darf er nicht, aus Platzmangel in der Wohnung, in einem Zwinger gehalten werden. Hier würde das Sensibelchen physisch und psychisch verkümmern. Am wohlsten fühlt sich der temperamentvolle Vierbeiner in einem ländlichen Heim mit Garten. Wichtig ist dabei, ein genügend hoher, intakter Gartenzaun, damit sich der Vierbeiner auch unbeaufsichtigt draußen aufhalten kann, ohne zu entwischen.

Als zukünftiger Hundebesitzer müssen Sie sich außerdem darauf einstellen, dass ein vierbeiniger Mitbewohner viel Dreck mit ins Haus bringt. Ebenfalls darf der Fellwechsel im Frühjahr und Herbst nicht vergessen werden, der an Ihren Kleidern, Polstermöbeln und Teppichen nicht spurlos vorübergeht.

Fragen Sie nach, ob Ihr Vermieter mit der Anschaffung eines Hundes einverstanden ist. Erkundigen Sie sich auch, ob Sie den Hund, bei Abwesenheit aller anderen Familienmitglieder, mit ins Büro nehmen dürfen, immerhin bleibt der anhängliche Labrador nicht gerne allein, es sei denn, er hat Gesellschaft durch einen Zweithund.

Bedenken Sie unbedingt ...

Schaffen Sie den Hund nicht für Ihre Kinder an, sondern für sich: Schnell verlieren Kinder das Interesse oder gehen, flügge geworden, aus dem Haus. Sie müssen voll und ganz hinter einer Hundeanschaffung stehen, denn die Hauptarbeit bleibt unter Umständen bald an Ihnen hängen.

Wünschen sich Kinder sehnlichst einen Hund, sollte dieser nur angeschafft werden, wenn alle Familienmitglieder damit einverstanden sind.

Darf der Labrador in den Garten, ist ein genügend hoher, intakter Gartenzaun wichtig, um zu verhindern, dass er alleine spazieren geht.

Labis lieben Wasser, darum werden möglicherweise allzu schmutzempfindliche Menschen mit dem nässeliebenden Vierbeiner nicht glücklich.

Denken Sie an die Ferienzeit: Sind Sie gewillt, in zukünftigen Urlauben mit Hund eventuelle Abstriche, Zielort und Unternehmungen betreffend, zu machen? Wollen Sie ohne Hund verreisen, überlegen Sie vorab, ob Sie einen lieben Hundesitter an der Hand hätten oder eine gute Hundepension bezahlen können. Auch manche Züchter nehmen ihren ehemaligen Nachwuchs gerne wieder in Pflege; fragen Sie schon bei der Anschaffung ihres Welpen nach.

Rassebedürfnisse

Passen die finanziellen und äußeren Gegebenheiten optimal zu einer Hundeanschaffung, überlegen Sie sich, ob Sie auf Dauer, das heißt ein Hundeleben lang, genügend Zeit und Lust haben, den Ansprüchen eines Labradors gerecht zu werden. Der Labi ist ein temperamentvolles Powerpaket, das unbedingt gefordert werden muss, um ausgeglichen und glücklich zu sein. Der schöne Vierbeiner braucht täglich mehrere Stunden Auslauf und zwar bei jedem Wetter. Dabei darf er nicht nur an der kurzen Leine geführt werden, sondern muss richtig rennen und toben können. Er ist sicherlich nichts für Langweiler und Stubenho-

Dieses aufgeweckte Kerlchen will auch schon altersgerecht beschäftigt werden.

Um ausgeglichen und glücklich zu sein, muss der Labi unbedingt gefordert werden. Ansonsten tanzt er Ihnen bald auf der Nase herum.

cker. Viel besser eignet er sich für sportliche Outdoorfans, die einfühlsam, liebevoll und geduldig auf den sensiblen Naturburschen eingehen. Kreative Action und Humor dürfen dabei nicht zu kurz kommen. Teamarbeit ist für den Labrador enorm wichtig, so ist er gerne unverzichtbarer Partner seines Führers. Das temperamentvolle Energiebündel liebt Hundesport jeglicher Art. Abwechslung ist bei ihm Trumpf. Damit er sich nicht langweilt, darf deshalb auch Kopfarbeit nicht fehlen. Überlegen Sie sich unbedingt vorab, ob Sie wirklich gewillt sind, Ihrem bellenden Freizeitpartner die Freude zu machen, jeden Samstag auf einem Hundesportplatz zu verbringen.

Apportieren steht bei Labis nach wie vor hoch im Kurs. Rasseinteressenten dürfen sich also nicht daran stören, dass sich ihr zukünftiger Hausgenosse eventuell selbstständig Apportieraufgaben im Haushalt sucht.

Ein Labrador sollte auch seinem großem Hobby, dem Plantschen oder Schwimmen, frönen dürfen. Dabei macht er sogar vor schmutzigen und schlammigen Wasserpfützen nicht Halt. Selbst der akkurat angelegte Gartenteich zuhause ist vor seiner Wasserfreude nicht sicher. Allzu penible Menschen werden daher möglicherweise nicht glücklich mit dem nässeliebenden Vierbeiner. Zwar kann man einem Labrador den Gartenteich durchaus als Tabuzone vermitteln, ein generelles Badeverbot, auch außerhalb des eigenen Gartens, würde seine Lebensqualität jedoch enorm einschränken und wäre somit absolut nicht artgerecht.

Haben Sie den richtigen Draht zu Ihrem Labi, wird es nichts geben, was der anhängliche Vierbeiner nicht für Sie tut. Menschen, die einen Labrador rein als Prestigeobjekt ansehen, werden auf Dauer nicht glücklich mit einem fordernden Lebewesen wie es ein Hund nun mal ist; auch der Vierbeiner hat hier vermutlich schlechte Karten, mit all seinen Bedürfnissen voll zum Zug zu kommen. Ist es Ihnen jedoch möglich, einen Labrador gänzlich in Ihr Leben zu integrieren, geht es nun an die Auswahl des Hundes.

... und vergessen Sie nicht

Denken Sie vor der Anschaffung eines Labradors auch an die Masse des ausgewachsenen Hundes. Sie brauchen so viel körperliche Kraft, dass Sie Ihren Vierbeiner im Notfall auch einmal tragen bzw. heben können. Außerdem müssen Sie kräftemäßig in der Lage sein, einen Labi zu halten, wenn er mal einer Katze hinterherjagen oder einen feindlich gesonnenen Artgenossen angehen möchte.

Welpe oder erwachsener Hund?

Einen jungen Hund zu erziehen sowie die eventuell etwas renitente Flegelphase zu überstehen kann manchmal ganz schön anstrengend sein.

Haben Sie sich für die Anschaffung eines Labradors entschieden, bedarf es nun der Überlegung, ob Sie einen Welpen oder einen erwachsenen Vierbeiner aufnehmen wollen. Ein Welpe ist wie ein Rohdiamant, den Sie erst schleifen müssen. Dies kostet viel Zeit und Geduld, sicherlich auch Nerven und Anstrengungen. Er verlangt ständige Zuwendung, anfangs auch nachts. Es dauert eine Weile bis der kleine Kerl stubenrein ist. Außerdem muss er

Zieht ein älterer Vierbeiner bei Ihnen ein, ist er zwar schon aus dem Gröbsten raus. Allerdings kann sich der Hund auch schon allerlei Unsinn angewöhnt haben.

erst lernen, alleine zu bleiben, muss sich an fremde Menschen, Tiere und einen normalen Alltag gewöhnen. Anfangs benötigt ein Welpe noch dreimal am Tag Futter; zudem sind mehrere kurze Spaziergänge sinnvoller als ein ganz langer, schließlich hat das Hundekind noch einen im Wachstum befindlichen, instabilen Bewegungsapparat, auf den sich zu viel Belastung folgenschwer auswirken kann. Die Erziehung eines jungen Hundes sowie die eventuell etwas renitente Flegelphase werden Sie voll und ganz fordern. Andererseits lässt sich ein Welpe noch gut formen, er entwickelt sich also größtenteils genau zu dem, zu dem sie ihn machen. Natürlich auch im negativen Sinne: haben Sie nicht von Anfang an eine klare Linie in Ihrer Erziehung, bekommen Sie bald einen aufsässigen, verzogenen Fratz, der Ihnen im Erwachsenenalter schnell über den Kopf wächst.

Mit einem älteren Vierbeiner zieht dagegen schon eine ausgereifte Hundepersönlichkeit bei Ihnen ein. In der Regel ist ein erwachsener Labrador aus dem Gröbsten raus, er ist stubenrein, ist mit Halsband und Leine vertraut, kann ab und zu mal alleine bleiben und kennt mindestens die erzieherischen Grundkommandos wie Sitz, Platz, Hier und Pfui. Kennen Sie allerdings nicht lückenlos die Lebensgeschichte Ihres Labis bis zum Zeitpunkt des Einzuges bei Ihnen, kaufen Sie möglicherweise die „Katze im Sack". Erst im alltäglichen Zusammenleben zeigen sich der genau Charakter, eventuelle Macken und das Verhalten des Vierbeiners. Daher kann die Aufnahme eines erwachsenen Hundes eher etwas für Kenner sein. Von Anfang an muss dem neuen Familienmitglied seine untergeordnete Stellung im Rudel klar gemacht werden. Eindeutige Regeln und Grenzen sind sehr wichtig für ein harmonisches Miteinander. Hundeunerfahrene Menschen entscheiden sich also besser für einen Welpen als für einen gänzlich unbekannten erwachsenen Vierbeiner. Ersthalter können mit Hilfe einer guten Hundeschule gemeinsam mit ihrem Welpen wachsen und lernen. Auch, wenn bereits weitere Hunde oder andere Tiere im Haushalt leben, kann der Einzug eines Welpen das Zusammengewöhnen erleichtern. Ein junger Hund hat noch mehr Narrenfreiheit und

Vom ersten Tag an sollten Sie Ihrem Labi liebevoll, aber bestimmt zeigen, was er darf und was nicht.

wird eher spielerisch, aber doch bestimmt in die Rangordnung der anderen Rudelmitglieder eingewiesen. Bei einem erwachsenen, voll ausgereiften Neuzugang können dagegen gleich heftige Kämpfe um die Rudelposition ausbrechen.

Beachten Sie auch ...

*Lassen Sie Ihrem vierbeinigen Neuzugang viel Zeit für die **Eingewöhnung**. Am besten nehmen Sie sich Urlaub, damit Sie sich erst einmal gegenseitig in Ruhe kennen lernen können. Springen Sie trotzdem nicht den ganzen Tag nur um Ihr neues Familienmitglied herum. Geben Sie Ihrem Hund genug Freiraum, sein jetziges Zuhause selbst zu erkunden. Zeigen Sie ihm andererseits vom ersten Tag an liebevoll, aber bestimmt, was er darf und was nicht. Respektieren Sie auch ausreichende Ruhephasen, in denen Ihr Vierbeiner nicht gestört werden möchte, schließlich sind die vielen neuen Eindrücke anstrengend und ermüdend.*

Rüde oder Hündin?

Sind wir nicht alle drei hübsche Kerlchen?

Ob Sie sich für einen Rüden oder eine Hündin entscheiden, hängt von Ihren Erwartungen und Vorstellungen ab. Labrador-Rüden werden etwas größer als Hündinnen. Oft wirken sie imposanter und selbstbewusster in der Körperhaltung. Sie sind in Vielem hartnäckiger und manchmal auch sturer als Hündinnen. Rüden neigen eher zu Dominanz und zeigen sich härter, weshalb ihre Halter bei der Ausbildung meist etwas mehr Durchsetzungsvermögen brauchen. Ein Rüdenbesitzer muss sich aber auch von Zeit zu Zeit auf einen liebeskranken und somit fürchterlich leidenden Vierbeiner einstellen und zwar dann, wenn eine Hündin in der Umgebung läufig ist. Etliche verliebte Casanovas tun ihren Schmerz um die unerreichbare Angebetete sogar lautstark kund; diese Heulorgien können wiederum zu Ärger bei den Nachbarn führen. Außerdem erweisen sich viele liebestolle Vertreter als wahre Ausbrecherkönige,

wenn es darum geht, ihrer „Traumfrau" näher zu kommen. Ein intakter, genügend hoher Gartenzaun ist also bei unkastrierten Rüden besonders wichtig.

Das ständige Markieren eines Rüden ist ebenfalls nicht jedermanns Sache. Hobbygärtner büßen dabei sicherlich die ein oder andere Pflanze ihres Gartens ein. Bei vermeintlich konkurrierenden Artgenossen lassen unkastrierte Rüden gerne den Macho raushängen, der auch mal mit viel Getöse einen Schaukampf um die Rangordnung anzettelt. Solche Auseinandersetzungen sind jedoch meist harmlos, während Hündinnen untereinander, aus der instinktsicheren Sorge um ihren vermeintlichen Nachwuchs, mit echten Beißereien nicht lange fackeln.

In der Regel haben Hündinnen eine zierlichere Statur als Rüden. Machtkämpfe wie sie bei Rüden um die hausinterne Rangordnung hin und wieder vorkommen können,

Verhütung bei Hunden

*Bei der Kastration einer **Hündin** nimmt man operativ die Eierstöcke und meist auch die Gebärmutter heraus. Da nun die entsprechenden hormonproduzierenden Drüsen fehlen, ist der Geschlechtstrieb nach einer Kastration völlig ausgeschaltet.*

Das Risiko der Hündin, an Gebärmutterkrebs und an einem Gesäugetumor zu erkranken, wird durch die Kastration deutlich vermindert bzw. bei einer Kastration vor der ersten Läufigkeit praktisch ausgeschlossen. Andererseits kann eine so frühe Kastration ein dauerhaft kindlich-kindisches Wesen der Hündin zur Folge haben, denn der Reifeprozess, der durch die Hormone ausgelöst wird, fehlt hier; dies muss jedoch kein Nachteil sein. Bei einer Operation nach der ersten Läufigkeit liegt das Krebsrisiko für die Hündin bei ca. 8 %, nach der zweiten Läufigkeit bei ca. 26 %.

*Ein **Rüde** ist kastriert, wenn seine beiden Hoden entfernt wurden.*

Kastrierte Tiere werden in der Regel ruhiger. Manche Hunde neigen anschließend verstärkt zu Fettansatz (Futtermenge anpassen), eventuellen Fellveränderungen oder zeigen Inkontinenz. Während man Hündinnen hauptsächlich zur Vermeidung unerwünschten Nachwuchses kastriert, erfolgt die Kastration eines Rüden häufig bei Verhaltensauffälligkeiten. Selbstverständlich lassen sich Verhaltensauffälligkeiten, die durch Erziehungsfehler des Halters entstanden sind, nicht durch eine Kastration korrigieren.

Manche Rüden haben, bedingt durch zu viel Testosteron, einen übersteigerten Sexualtrieb, der mit Streunen, übertriebenem Imponiergehabe und aggressivem Konkurrenzverhalten gegenüber anderen Rüden einhergeht. Hier oder bei krankhaften Veränderungen der Geschlechtsorgane kann die Kastration eines

Rüden durchaus nötig sein. Beim Rüden wirkt die Kastration auch als vorbeugende Maßnahme gegen Prostataerkrankungen und Perinaltumore (= Zubildungen rund um den After). Letztendlich liegt es in den Händen eines verantwortungsvollen Tierarztes, individuell zu entscheiden, ob eine Kastration angebracht ist oder nicht.

Eine Alternative zur operativen Trächtigkeitsverhütung stellt die medikamentöse Verhütung mittels Hormonpräparaten dar. Diese Methode sollte allerdings nicht auf längere Zeit ein-

gesetzt werden, denn die hormonelle Manipulation einer Hündin erhöht die Wahrscheinlichkeit einer eitrigen Gebärmutterentzündung, die in der Regel wiederum nur operativ zu behandeln ist.

Eine weitere ganz neue Möglichkeit ist die Verhütung mittels Implantat, das wie ein Mikrochip unter die Haut gespritzt wird und alle sechs Monate ausgetauscht werden muss. Laut Hersteller ist dieses Implantat nebenwirkungsfrei, allerdings ist es nicht ganz billig (ca. 50.- € Materialkosten). Für Hündinnen ist das Verhütungsimplantat noch in der Probephase. Bei Rüden wird es bereits eingesetzt; es zeigt die gleiche Wirkung einer operativen Kastration.

Die läufige Hündin

Eine Labrador-Hündin wird zum ersten Mal zwischen dem siebten und zwölften Lebensmonat läufig. Insgesamt dauert die Hitze, die ein- bis zweimal im Jahr auftritt, etwa 21 Tage. Sie unterteilt sich in drei Phasen: Die ersten neun Tage nennt man Vorbrunst (Proöstrus), äußerlich zu erkennen am Anschwellen der Schamlippen. Nun wird die Hündin ruhiger, vielleicht etwas launisch und markiert anfangs häufig; manchmal frisst sie auch schlecht und neigt zum Streunen. Jetzt lässt die Hündin zwar noch keinen Rüden an sich heran, ihr Interesse am anderen Geschlecht wächst jedoch zunehmend. Während der zweiten Phase, der sogenannten Hochbrunst

oder Eisprungphase (Östrus) tritt immer mehr schleimiges, mit Blut vermischtes Sekret aus der Scheide aus. Zu diesem Zeitpunkt wandern die Eizellen vom Eierstock in den Eileiter; dort können sie befruchtet werden. Der Östrus dauert acht bis zehn Tage und ist zu erkennen am weiteren Anschwellen sowie einer noch stärkeren Rötung der Schamlippen. Die blutigen Ausscheidungen gehen in einen hellen Ausfluss über. Ab dem neunten Tag der Läufigkeit „steht" die Hündin; sie zeigt Rüden ihre Paarungsbereitschaft durch eine fast aufdringliche Annäherung und das seitliche Wegknicken ihrer Rute an. Nach dem Östrus folgt der Metöstrus; in dieser Phase klingt die Läufigkeit langsam ab, die Schwellung der Schamlippen geht zurück, der Ausfluss wird weniger. Auch das Verhalten „normalisiert" sich allmählich wieder.

Gerade bei unkastrierten Rüden kann ein stabiler Zaun notwenig sein.

sind bei Hündinnen eher selten. Trotzdem geben sie sich, vor allem hormonell bedingt, auch mal zickig. Eine Hündin wird ein- bis zweimal im Jahr läufig. In diesem Zeitraum, der etwa drei Wochen dauert, ist besondere Vorsicht geboten, damit es nicht zu unerwünschtem Nachwuchs kommt. Um Flecken im Haus zu vermeiden, ist ein spezielles Hundehöschen mit extra Slipeinlagen aus dem Fachhandel nötig; daran gewöhnt sich der Vierbeiner in der Regel jedoch schnell Wollen Sie die Läufigkeit Ihrer Hündin auf Dauer umgehen, schafft eine Kastration Abhilfe.

Hier blieb die Läufigkeit der Hündin nicht ohne Folgen.

Ein Hund aus dem Tierheim

Für die Übernahme eines Hundes aus dem Tierheim brauchen Sie zunächst viel Geduld und Einfühlungsvermögen. Die Vorgeschichte eines solchen Vierbeiners liegt oft völlig im Dunkeln, unerwartete Verhaltensweisen können auftreten. Selbst bei einem Tierheim-Welpen wissen Sie häufig nichts Näheres über seine bisherige Haltung. Da schon eine gute Kinderstube sehr wichtig und prägend für eine intakte Hundeseele ist, kann hier bereits einiges schief gelaufen sein, was sich nur schwer wieder ausbügeln lässt. Auch das Wesen der Elterntiere, die Sie im Tierheim meist nicht kennenlernen, ist ein wichtiger Anhaltspunkt für den späteren Charakter Ihres jetzt ausgesuchten Zöglings. Je nach früheren Erlebnissen hat Ihr junger oder älterer Labrador vielleicht schon einige Macken, die Sie erst allmählich herausfinden müssen. Trotzdem lohnt es sich, diese Nuss behutsam zu knacken. Besuchen Sie Ihren auserwählten Liebling bereits im Tierheim häufiger und gehen Sie mit ihm spazieren, ehe Sie sich endgültig für eine Übernahme entscheiden. Die Auswahl eines Tierheimhundes erfordert besondere Sorgfalt, schließlich soll der Vierbeiner mit seiner neuen Familie zu einem echten Glückspilz und nicht, nach seinen ersten auftauchenden Eigenarten, zum erneut

Viel Geduld und Einfühlungsvermögen brauchen Sie in der ersten Zeit für die Übernahme eines Hundes aus zweiter Hand.

abgeschobenen Pechvogel werden. Wichtig ist, sich und den Vierbeiner von Anfang an nicht unter Druck zu setzen. Geben Sie sich für die Gewöhnung aneinander unbedingt ausreichend Zeit. Weisen Sie Ihre Kinder schon im Vorfeld darauf hin, dass der neue Vierbeiner erst einmal Ruhe und Behutsamkeit zur Eingewöhnung braucht. Bevor sie auf ihn zustürmen und ihn streicheln wollen, sollten auch sie erst einmal genau beobachten, wahrnehmen und abwarten.

Beachten Sie ...

Die Übernahme eines Tierheimhundes erfordert in der Regel Hundeerfahrung, denn wie erwähnt, liegt die Vergangenheit des Vierbeiners häufig im Dunkeln; manche Tierheimhunde erscheinen auf den ersten Blick unkompliziert und anpassungsfähig; in unterschiedlichen, oft ganz banalen Situationen des Alltags holen sie jedoch rasch frühere schlechte Erlebnisse ein und lassen sie dementsprechend reagieren. Für Anfänger wird dies unter Umständen zu einem unlös-

baren Problem; hundeerfahrene Menschen können sich dagegen kompetenter und souveräner darauf einstellen und damit auseinandersetzen. Erstlingshaltern sei daher geraten, zunächst einmal einen Labrador-Welpen von einem seriösen VDH- bzw. FCI-Züchter zu nehmen.

Auswahl von Züchter und Hund

Die Auswahl eines solchen süßen Vierbeiners sollte man sich als zukünftiger Hundebesitzer nicht zu einfach machen.

Fällt Ihre Wahl auf einen Hund vom Züchter, bekommen Sie eine aktuelle Wurfliste über die Welpenvermittlung der dem VDH angeschlossenen Rassevereine. Suchen Sie bereits einen Züchter aus, der die Ihren Ansprüchen entsprechende Zuchtlinie züchtet. Möchten Sie also einen reinen Familienhund, ist die Showlinie ratsam; soll Ihr Labi hingegen später als Gebrauchshund eingesetzt werden, wählen Sie einen Vierbeiner aus einer Field-Trial- bzw. Arbeitslinie.

Vergleichen Sie verschiedene Zwinger kritisch vor Ort miteinander. Prüfen Sie die Zuchtstätte ganz genau und nehmen Sie nicht den erstbesten Welpen vom erstbesten Züchter. Scheuen Sie sich nicht vor weiten Anfahrtswegen, immerhin geht um die sorgfältige Auswahl eines neuen Familienmitglieds, mit dem Sie viele glückliche Jahre teilen möchten. Stellen Sie sich auch auf eine eventuelle Wartezeit ein, denn häufig wird nur auf Nachfrage hin gezüchtet. Dies ist allerdings ein gutes Zeichen, spricht es doch für eine reine Hobbyzucht, die primär an die Hunde und nicht an den Profit denkt. Trotzdem muss Ihnen

ein gesunder Labrador-Welpe einiges Wert sein: Der durchschnittliche Welpenpreis für einen schwarzen oder blonden Labi liegt derzeit bei 1200,- €. Schokoladenbraune Hunde können bis zu 400,- € mehr kosten, da sie nach wie vor recht selten sind.

Die Welpen sollen mit vollem Familienanschluss aufwachsen, sich bei Ihrem Besuch interessiert, selbstbewusst und freundlich zeigen. Ihr Fell glänzt, sie sind gut genährt und sehen rundum gesund aus. Das Verhalten der Welpen darf weder ängstlich noch aggressiv sein. Nehmen Sie außerdem die Mutter und, falls anwesend, auch den Vater sowie deren Gesundheitszeugnisse und Wesenstests gründlich in Augenschein. Beide Elterntiere müssen Ihnen gegenüber zutraulich und freundlich sein. Achten Sie unbedingt auf Sauberkeit und Hygiene in der Zuchtstätte.

Ein guter Züchter interessiert sich sehr für Sie, Ihr Umfeld und eventuell bereits vorhandene Hundeerfahrung. Außerdem wird er Sie in keiner Weise bedrängen oder Ihnen einen Welpen aufschwatzen. Andererseits fragt er Sie, für welchen Zweck Sie einen Labi an-

Lassen Sie sich vom Züchter auch die Mutter der Welpen zeigen.

Die Zuchtstätte sollte in einem einwandfrei hygienischen und sauberen Zustand sein.

schaffen möchten, damit er Ihnen einen geeigneten Welpen aus dem Wurf konkret vorstellen kann, schließlich kennt er seine Hunde und deren Nachwuchs am besten. Das Wohl seiner Hunde liegt einem seriösen Züchter wirklich am Herzen.

Haben Sie sich schließlich für einen Züchter und einen seiner Welpen entschieden, vereinbaren Sie vor der Abholung Ihres Vierbeiners weitere Besuche, damit sich der Kleine schon etwas an Sie gewöhnt. Bringen Sie zusätzlich ein altes Handtuch mit, das in das Welpenlager gelegt, bald nach der Mutter und den Wurfgeschwistern riecht.

Bei der Abholung des Welpen nehmen Sie dieses Tuch wieder mit und legen es ihm zuhause in sein neues Körbchen. Durch den weiterhin vorhandenen bekannten Geruch fällt ihm die Trennung von seiner Kinderstube nicht so schwer.

Beachten Sie außerdem ...

Nehmen Sie Abstand von Mitleidskäufen. Bei dubiosen Schwarzzuchten oder Hundehändlern liegen Herkunft, Aufzucht und Vergangenheit der Hunde oft völlig im Dunkeln, sodass Sie anstelle eines gesunden und wesens-

festen Rassehundes schnell eine Mogelpackung bekommen, die Ihnen mit zunächst versteckten Krankheiten und Verhaltensstö-rungen möglicherweise ein Hundeleben lang Kummer bereiten kann. Das Warten auf einen Welpen von einer kontrollierten VDH- bzw. FCI-Zucht lohnt sich allemal. Hier gelten strenge Zuchtauflagen, die eine gute Basis für das Hervorbringen robuster, gesunder und wesensstarker Vierbeiner bilden.

Ein gleichzeitiges Aufziehen mehrere Würfe (möglicherweise noch von unterschiedlichen Rassen) innerhalb einer Zuchtstätte sollte Sie stutzig machen, spricht dies doch sehr für eine rein kommerzielle Angelegenheit. Die deutschen VDH-Zuchtvereine verbieten solch ein Vorgehen.

Welches Zubehör ist nötig?

Labrador Retriever apportieren für ihr Leben gerne. Darum sollten sie auch entsprechendes Spielzeug angeboten bekommen.

Für Ihren Welpen benötigen Sie zunächst ein **Welpenhalsband** oder **-geschirr** und eine leichte **Leine**. Als Material hat sich Nylon bewährt; im Vergleich zu Leder ist es leichter, stabiler, nässefester und problemloser zu reinigen. Der ausgewachsene Hund braucht später ein größeres und breiteres Halsband oder Geschirr sowie eine passende, stabile Leine. Gewöhnen Sie Ihr Hundekind sofort an das Tragen eines Halsbandes. Bringen Sie am Halsband neben der Steuermarke eine gravierte Plakette oder eine Hülse mit Ihrer Adresse und Telefonnummer an, damit Sie im Falle des Verschwindens Ihres Vierbeiners schnell benachrichtigt werden können. Achten Sie darauf, dass das Halsband nicht zu eng und nicht zu locker sitzt. Ein Finger muss problemlos zwischen Hals und Halsband passen.

Besorgen Sie außerdem für Haus und Garten je ein Set mit einem **Futter-** und einem **Wassernapf**. Edelstahl-, Keramik- oder stabile Plastiknäpfe sind die beste Wahl, da sie auch leicht zu reinigen sind. Im Fachgeschäft erhal-

Nach der Ankunft im neuen Zuhause sollte Ihr kleiner Hund nicht vor einem leerem Napf sitzen. Sein Welpenfutter sollte hochwertig sein.

ten Sie spezielle Futterstationen mit zwei Näpfen.

Damit Ihr Hund nach seiner Ankunft nicht vor einem leeren Napf sitzt, kaufen Sie ein hochwertiges Welpenfutter ein. Am besten lassen Sie sich hierbei vorab von Ihrem Züchter beraten. Ein guter Züchter gibt für etwa einen Monat das gewohnte Futter mit. Auch Belohnungsleckereien dürfen nicht fehlen.

Schlafplatz, Fellpflege und Spielzeug

Zudem benötigt Ihr Hund seinen eigenen Liegeplatz. Manchen Vierbeinern reicht hier eine einfache **Decke** oder ein Kissen, andere kuscheln sich lieber in einen Korb. Wichtig ist auch hier die Möglichkeit einer leichten, unproblematischen Reinigung, denn angemessene Sauberkeit und Hygiene sind eine wichtige Basis für ein langes, gesundes Hundeleben. Alle Decken und Kissen müssen maschinenwaschbar sein. Ein Korb wird von Zeit zu Zeit ausgeschrubbt und anschließend mit Ungezieferspray behandelt. Hunde „körbe" gibt es inzwischen nicht nur aus Rattangeflecht, sondern auch aus stabilem, beißfestem Plastik oder aus Schaumgummi mit Stoffüberzug. Für den Junghund, der noch alles annagen und zerbeißen will, hat sich als Übergangslösung ein großer, mit einer Decke ausgelegter Karton bewährt, der schnell und preiswert ausgetauscht werden kann.

Selbstverständlich braucht Ihr vierbeiniger Jungspund auch geeignetes Spielzeug.

Ebenfalls praktisch und vielseitig verwendbar ist eine große Plastik-Transportbox oder eine Klappbox aus verchromtem Stahlgitter.

Während Ihr Welpe darin bereits ein heimeliges Lager vorfindet, in dem Sie ihn während Ihrer Abwesenheit auch mal ausbruchssicher verwahren können, weiß später sogar Ihr erwachsener Labrador diese Rückzugsmöglichkeit zu schätzen, vermittelt das Innere so einer Box doch die Geborgenheit einer Höhle. Bei einem Klappkäfig kommt dieses Höhlenfeeling erst richtig auf, wenn Sie ihn noch mit einem großen Tuch abdecken. Käfig oder Box sind ebenfalls sehr hilfreich, Ihren Hund sicher im Auto unterzubringen. Eine ordnungsgemäße Sicherung des Vierbei-

Auf solch einer Kuscheldecke lässt es sich wunderbar dösen. Zudem ist sie leicht zu reinigen.

33

Spielerisch kann dem Vierbeiner im Nu die Scheu vor einer solch praktischen Transportbox, sprich Hundehöhle, genommen werden.

Das richtige Hundespielzeug

Orientieren Sie sich bei der Auswahl von Hundespielzeug am besten an folgendem Grundsatz: Alles, was für Klein- kinder ungeeignet ist, kann auch für Hunde gefährlich werden. So sind spitze, scharfkantige und splitternde Gegenstän- de oder Dinge, in denen Drähte oder Nägel enthal- ten sind, für unsere Vier- beiner absolut tabu. Ebenfalls verboten sind Äste von giftigen Bäumen oder Sträuchern und lackierte Hölzer. Luftballons stellen eine Gefahr dar, weil sie zerbissen schnell herunter- geschluckt werden und eine Darmver- schlingung hervorrufen können. Ihr La- brador darf sich nicht an den Spielsachen Ihrer Kinder wie beispielsweise Legobau- steinen sowie an Schnüren, Ny- lonstrümpfen, Windlichtern oder Plastik- bechern vergreifen. Unproblematisch sind spezielle Hundespielsachen aus Hartholz, Jute, Hartgummi, Stoff und reißfestem Nylon. Kauspielzeug aus na- türlichen Materialien, wie Rinder- und Büffelhaut, bietet nicht nur eine interessante Beschäftigung, son- dern hat gleichzeitig einen ge- sundheitlichen Nutzen, denn es stärkt und reinigt das Ge- biss. Bälle müssen immer so groß sein, dass sie Ihr Hund nicht verschlucken kann. Quietschspielzeug ist nur bedingt geeignet, denn ist Ihr Vierbeiner ein besonders eifriger

ners in einem Auto ist übrigens Pflicht; bei Verstoß drohen hohe Geldstrafen. Andere Si- cherungssysteme für die Autofahrt sind bei- spielsweise ein spezieller Hundegurt, mit dem Sie Ihren Labi auf der Rückbank anschnallen oder stabile Trenngitter, die den Schräg- heckkofferraum, in dem Ihr Hund sitzt, sicher vom Personenabteil ab- trennen.

Für die Beförderung in öffentlichen Verkehrsmitteln ist mancherorts ein Maulkorb vorgeschrieben, auch, wenn Ihr Hund ganz friedlich ist. Um für den Fellwechsel im Frühjahr und Herbst gerüstet zu sein, benötigen Sie einen Gumminoppenhandschuh und eine Sisalbür- ste. Außerdem für Schlechtwettertage Hand- tücher zum Abtrocknen und Säubern.

Schaffen Sie sich zudem eine Zecken- zange an, um Ihren bellenden Freund schnell von den lästigen Plagegeistern befreien zu können.

Zu guter Letzt braucht Ihr vier- beiniger Jungspund natürlich Spielzeug.

„Spielzeug-Designer" zerlegt er auch ein Quietschtier schnell und frisst möglicherweise sogar das quietschende Ventil. Zudem sind einige Kynologen der Meinung, dass ein Hund durch das ständige Quietschen die Beißhemmung gegenüber quiekenden Artgenossen verlernt. Besser bewährt haben sich Spielsachen aus robustem Hartgummi.

Ein begeisterter Apporteur sollte wegen der Splittergefahr auf Stöckchen aus dem Wald verzichten; besorgen Sie ihm stattdessen lieber Hartholzspielzeug aus dem Zoofachhandel. Diese Apportierhölzer kommen auch auf Hundeplätzen zum Einsatz. Als Alternative gibt es Bringsel aus Jute Leder oder Neopren, die absolut maulschonend sind und auch gut im Wasser verwendbar sind. Ein aus bunten Baumwollschnüren zusammengedrehter Knoten ist zwar sehr beliebt, kann jedoch gefährlich werden, wenn der Vierbeiner den Knoten zerlegt und zu viele Schnüre davon verschluckt. Für sprungbegabte Fangkünstler eignen sich Frisbee®-Scheiben aus reißfestem Nylon, die unterwegs schnell zusammengefaltet und platzsparend in der Hosentasche verstaut sind.

Bringsel aus Neopren, Jute oder Leder sind absolut maulschonend und auch gut für das Spiel im Wasser zu verwenden.

Welpensicheres Zuhause

Vorsicht auch mit Pflanzen im Garten: sie könnten für Ihren Welpen giftig sein!

Bereits vor dem Einzug eines Welpen sollten Sie Ihr Zuhause auf mögliche Gefahrenquellen hin für den kleinen Vierbeiner prüfen und diese gegebenenfalls beseitigen. Auf der Suche nach neuen Abenteuern lauern für den noch unerfahrenen, verspielten Labrador etliche Gefahren in Haus und Garten. In erster Linie erkunden Welpen ihre Umgebung mit der Nase und mit den Zähnen, das heißt: alles, was Hund aufstöbert, muss beknabbert oder sogar gefressen werden. Besonders gefährlich und gefährdet sind hier Kabel und mobile Mehrfach-steckdosen. Verlegen Sie Kabel daher entweder in Kabelkanälen oder lagern Sie diese, solange der Welpe noch in der Flegelphase ist, höher. Versehen Sie Steckdosen am Boden und in Nasenhöhe des vierbeinigen Knirpses vorsichtshalber mit Kindersicherungen. Ebenfalls außer Reichweite des jungen Labis müssen Putzmittel und Medikamente aufbewahrt werden. Erhöhte Vorsicht gilt bei Pflanzen, besonders, wenn sie giftig sind. Stellen Sie auch diese vorübergehend hoch oder quartieren Sie diese an einen anderen Ort um. Heruntergefallene Kleinteile wie Büroklammern, Stecknadeln oder Geldstücke, die der Welpe aus Neugier fressen könnte, stellen ein weiteres großes Gefahrenpotenzial dar. Von ganz besonderer Anziehungskraft sind Schuhe.

Meist spüren Junghunde mit einer erstaunlichen Zielsicherheit gerade das teuerste Paar auf und zerlegen es; es sei denn, Sie waren schneller und haben die Schuhe rechtzeitig in Sicherheit gebracht. Ebenfalls sehr beliebt ist das Fangen und Zerbeißen von Jalousie- und Rollo-

Für einen Welpen sind Schuhe von ganz besonderer Anziehungskraft.

bändern, die Sie in dieser Zeit also auch lieber höher hängen. Besonders interessiert ist der Welpe dort, wo es etwas auszuräumen gibt. Sichern Sie daher Möbeltüren oder Schubladen, die Ihr abenteuerlustiger Vierbeiner eventuell andernfalls mit Schnauze oder Pfote öffnet. Ein mit einem Vorhang abgehängtes Regal regt enorm die Neugier eines jungen Hundes an; evakuieren Sie also rechtzeitig empfindliche Gegenstände. Höchst attraktiv sind auch Abfalleimer, deren Inhalt Ihren Labrador auf vielfältige Art schädigen kann. Steigen Sie deshalb besser auf Abfalleimer mit fest verschlossenem Deckel um. Nicht zuletzt ist das wilde Toben des kleinen Rackers gefährlich: ist ein Welpe erst einmal in Fahrt, kennt er kein Halten mehr. Daher empfiehlt es sich, Treppen mit einem Babygitter zu sichern. Natürlich müssen Sie generell alles Zerbrechliche aus dem Weg räumen.

Allgemein lässt sich sagen, dass alles, was für Babys oder Kleinkinder in einem Haushalt gefährlich ist, auch für einen jungen Hund lebensbedrohlich werden kann. Richten Sie sich jedoch durch entsprechende Vorkehrungen rechtzeitig darauf ein, wird das Zusammenleben mit Ihrem Labi-Welpen in der heißen (Flegel-)Phase sicherlich stressfreier sein.

Ist die Ankunft eines vierbeinigen Familienmitgliedes gut vorbereitet, steht dem Einzug nichts mehr im Wege.

Gefährliche Treppen, wie etwa die rutschigen Steinstufen, lassen sich am besten mit einem Babygitter sichern.

Tipps für den Garten

Auch im Garten kann es für einen jungen Hund gefährlich werden. Denken Sie hier an Folgendes:

ⓘ *Damit sich der Welpe nicht unerlaubt auf Wanderschaft begibt, umzäunen Sie Ihr Grundstück.*

ⓘ *Flicken Sie rechtzeitig vor Ankunft des Vierbeiners Löcher im bereits vorhandenen Zaun.*

ⓘ *Lagern Sie gefährliche Stoffe wie beispielsweise Frostschutzmittel für das Auto am besten in einem verschließbaren Schrank.*

ⓘ *Vorsicht mit der Aufbewahrung und Verwendung von Chemikalien im Garten (z.B. Dünger, Schneckenkorn etc.).*

ⓘ *Komposthaufen sollten für Ihren Labrador unzugänglich sein.*

ⓘ *Bewahren Sie gefährliche Gartengeräte wie Scheren, Sägen, Rechen und Hacken außerhalb der Reichweite Ihres Hundes auf.*

ⓘ *Hängen Sie den Gartenschlauch sicherheitshalber auf.*

ⓘ *Sichern Sie einen eventuell vorhandenen Gartenteich.*

Die ersten Tage daheim

Für die Heimfahrt mit Ihrem Welpen sollten Sie sich viel Zeit lassen – schließlich ist für den Kleinen alles noch neu und ungewohnt.

Nach dem Füttern und wenn Ihr junger Labrador nach dem Schlafen aufwacht, bringen Sie ihn möglichst sofort ins Freie, damit er sich lösen kann.

Ein seriöser Züchter gibt seine Welpen geimpft und entwurmt nicht vor der achten Lebenswoche ab. Am Abgabetag stattet er Sie mit dem Impfpass, der FCI-Ahnentafel (falls diese vorliegt), Pflege-, Fütterungstipps und Futter für den Übergang aus. Außerdem sollten Sie auch eine Kopie des Wurfabnahmeberichtes erhalten. Vergessen Sie zur Abholung Ihres Hundekindes Welpenhalsband und Leine nicht. Wenn Sie berufstätig sind, nehmen Sie sich mindestens in den ersten zwei Wochen nach Einzug des Vierbeiners frei. Dies erleichtert nicht nur die Erziehung zur Stubenreinheit, sondern ist auch für die gesunde, seelische Entwicklung des Hundebabys sehr wichtig.

Lassen Sie sich für die Heimfahrt viel Zeit. Eine längere Autofahrt ist für Ihren Welpen neu und ungewohnt. Manchen Hundekindern wird zunächst einmal übel, einige speicheln daraufhin nur, andere müssen sich übergeben. Legen Sie unterwegs mehrere Pausen ein, in denen sich Ihr kleiner Labi lösen und bewegen kann. Fahren Sie langsam und knallen Sie nicht mit den Autotüren.

Ankunft im neuen Zuhause

Geben Sie Ihrem Welpen nach Ihrer Ankunft zuhause erst einmal genügend Zeit und Möglichkeit, sein neues Domizil ausgiebig zu erkunden. Auf keinen Fall dürfen alle Familienmitglieder gleichzeitig auf ihn einstürmen. Damit der neue Mitbewohner nicht verängstigt und überfordert wird, ist in den ersten Stunden besondere Behutsamkeit angebracht. Zeigen Sie Ihrem Welpen seinen Schlafkorb. Setzen Sie ihn immer wieder hinein und beschäftigen Sie sich dort eine Weile mit ihm. Verbinden Sie dies schon von Anfang an mit dem Kommando „Körbchen". Bald hat der Kleine verstanden, dass der Korb sein Platz ist; schnell lernt er auch, auf Befehl dorthin zu gehen. Hat sich die erste Aufregung für das Hundekind im neuen Heim etwas gelegt, bekommt es sein Futter. Ein achtwöchiger Welpe braucht noch vier Mahlzeiten. Eine Futterumstellung darf nur langsam erfolgen. Mischen Sie am besten nach und nach das mitgegebene Futter des Züchters mit Ihrem neuen Futter. Bringen Sie den Welpen nach dem Füttern sofort ins Freie, damit er sich lösen kann. Verfahren Sie genauso, wenn Ihr junger Labrador nach dem Schlafen aufwacht. Vergessen Sie nicht,

Schon mit wenigen Spielsachen ist so ein kleiner Vierbeiner absolut zufrieden.

dass ein Welpe wie ein Baby noch sehr viel Schlaf benötigt, ein Bedürfnis, dem Sie unbedingt Rechnung tragen sollten. Stellen Sie das Körbchen zur Erleichterung der Eingewöhnung nachts zunächst direkt an Ihr Bett. Ist Ihr Hund sehr unruhig, legen Sie ihm einen Wecker unter sein Kissen. Das Ticken erinnert ihn an den Herzschlag der Mutter und beruhigt ihn. Werden Sie nicht schwach und lassen Sie den Welpen nicht ins Bett. Damit tun Sie sich und dem Hund keinen Gefallen. Für den kleinen Neuankömmling wäre dies bereits der erste Schritt in der Rangordnung mit Ihnen zu konkurrieren. Streicheln Sie den, in seinem Körbchen liegenden Vierbeiner lieber von Ihrem Bett aus in den Schlaf. Die zärtliche Berührung mit Ihrer Hand gibt ihm all die Geborgenheit und das Vertrauen, das er braucht, um als Hundebaby einem neuen, aufregenden Tag entgegen zu schlafen.

Spielen macht müde. Tragen Sie dem noch ausgeprägten Schlafbedürfnis Ihres Welpen unbedingt Rechnung.

39

Sie sind der Chef! Ihre Regeln hat der kleine Vierbeiner einzuhalten – bleiben Sie konsequent.

Von der ersten Minute an kann dem Labi spielerisch das kleine Hunde-Einmaleins beigebracht werden.

Viel Geduld mit Tierheimhunden

Natürlich benötigt auch ein Second-Hand-Hund eine behutsame Eingewöhnung. Anfangs ist ein ganz genaues Beobachten des Neuankömmlings wichtig, um ein besseres Bild von seiner Persönlichkeit zu bekommen. Schnell stellen Sie fest, ob Sie nun ein besonderes Sensibelchen oder eher ein forsches Raubein im Haus haben. Erlauben Sie Ihrem Neuzugang nichts, was er auch später nicht tun darf.

Nach einem eventuellen Tierheimaufenthalt wird der Vierbeiner in einer neuen Familie zunächst mit Reizen überflutet, die er erst einmal in Ruhe verarbeiten muss. Lassen Sie Ihren Labi trotzdem von Anfang an so natürlich wie möglich an Ihrem normalen Tagesablauf teilnehmen. Führen Sie sofort feste Fütterungs-, Spiel- und Spaziergehzeiten ein, sodass Ihr bellender Gefährte bald seinen festen Rhythmus kennt.

Hat sich die erste Aufregung gelegt, wird Ihr Hund auch Sie sehr genau beobachten. Ein Labrador Retriever durchschaut schnell, wer in der Familie das Sagen hat und wer nicht und wo es Schwachstellen in der familieninternen Rangordnung gibt. Daher ist es unerlässlich, klare Regeln vorzugeben, die der Vierbeiner strikt einhalten muss. Ihr Labrador ist ausgeglichener und glücklicher, wenn er sofort einen eindeutigen Platz in der neuen Lebensgemeinschaft einnimmt, mit einem Mensch an der Spitze, an dem er sich orientiert.

Der Kontakt zu Artgenossen ist ausgesprochen wichtig und gemeinsames Gassigehen macht auch mehr Spaß.

Die ersten Ausflüge

Bei Ihren ersten Spaziergängen sehen Sie, wie sich Ihr wedelnder Neuzugang Artgenossen gegenüber verhält. Auch für einen erwachsenen Labrador ist der regelmäßige Kontakt zu anderen Hunden nötig. Laden Sie Freunde mit Ihren Vierbeinern zu sich nach Hause ein: Da Ihr Hund anfangs noch kein Revierbewusstsein hat, wird er alles akzeptieren, was er in seinem neuen Heim vorfindet. Nützen Sie diese Tatsache aus und machen Sie Ihren Labi möglichst bald, jedoch an der Leine gehalten, mit eventuellen anderen Haustieren bekannt.

Hat Ihr neuer Kamerad in seiner Prägephase keine gute Sozialisierung erfahren, ist der Besuch einer Hundeschule empfehlenswert. Ein Second-Hand-Hund kann hier zusammen mit seinem Halter noch sehr viel lernen. Erziehungstechnisch brauchen Sie bei einem erwachsenen Hund meist nicht ganz bei Null anfangen, sondern können auf die bereits vorhandenen Grundlagen aufbauen. Wichtig ist, dass Ihr Labrador nun Sie als neuen Hunde-

Tipp für Second-Hand-Hundebesitzer

Um herauszufinden, welche Talente und Vorlieben Ihr Labi hat, kann eine kompetente Hundeschule sehr hilfreich sein. Hier werden meist auch Spiel-, Spaß- und Sportkurse angeboten, die jeden Vierbeiner seinen Neigungen entsprechend fordern. Die intensive gemeinsame Beschäftigung mit Ihrem Labrador wird Ihre Bindung zueinander weiter fördern und Sie bald zu einem unzertrennlichen Dream-Team zusammenschweißen.

führer und somit Kommandogeber akzeptiert. Zeigen Sie daher unbedingt Konsequenz und Einfühlungsvermögen. Außerdem muss es Ihrem Labi Spaß machen, Ihnen zu gehorchen, die richtige Motivation ist also das A und O einer erfolgreichen, partnerschaftlichen Erziehung.

Sozialisierung

In Gemeinschaft mit gleichgesinnten Hundehaltern macht das Lernen am meisten Freude.

Verantwortungsvolle Züchter heißen ab der vierten Lebenswoche der Kleinen Besucher willkommen. Natürlich in Maßen, den Welpen zuliebe.

Schon der Welpe muss mit möglichst vielen Umweltreizen vertraut gemacht werden, damit er später als erwachsener Hund einen stressfreien Alltag mit einem sozialverträglichen Verhalten gegenüber Mensch und Tier leben kann. Die wichtigste Zeitspanne für die Sozialisierung liegt zwischen der dritten und etwa der 16. Lebenswoche. Für die erste Phase ist also der Züchter verantwortlich: dort soll der Welpe nicht nur durch den Umgang mit seiner Mutter und den Wurfgeschwistern hündisches Verhalten lernen; auch möglichst viele positive Erfahrungen mit verschiedenen Menschen, einschließlich Kindern sind für die weitere Entwicklung des kleinen Vierbeiners wichtig. Deshalb sind bei einem verantwortungsvollen Züchter ab der vierten Woche Besucher willkommen, selbstverständlich wohl dosiert, um die Welpen nicht zu überfordern.

Durch eine abwechslungsreiche Umgebung wird das Hundekind bereits mit diversen Umweltreizen vertraut gemacht. Dies kann beispielsweise ein interessanter, kleiner Abenteuerspielplatz im Welpenauslauf sein. Kurze Ausflüge sind dagegen erst erlaubt, wenn der Welpe komplett geimpft ist (ab der achten Lebenswoche). Hundekinder, die bis zu ihrer Abholung (und auch danach) völlig abgeschottet von ihrer Umwelt leben, tragen in der Regel irreparable Schäden davon, die sie an einer normalen Entwicklung hindern. Solche Hunde bleiben häufig ihr Leben lang unglückliche Sorgenkinder, die sich ständig als unsichere Angsthasen oder auch Beißer gebärden.

Nach der Abholung Ihres Labradors vom Züchter liegt die weitere Entwicklung des Welpen in Ihrer Hand. Machen Sie ihn zu Hause mit möglichst vielen Situationen bekannt. Sperren Sie ihn beispielsweise nicht weg, wenn Sie staubsaugen oder wenn Besuch kommt. Dies bedeutet natürlich nicht, dass Sie sofort nach der Ankunft des Vierbeiners den Staubsauger schwingen oder gar eine große Party feiern sollen; vielmehr macht's die richtige Dosierung, damit Ihr junger Labi langsam, aber sicher alle Geräusche und Abläufe um ihn herum als völlig normal ansieht.

Leben noch andere Tiere bei Ihnen im Haushalt, gewöhnen Sie alle Vierbeiner ganz behutsam aneinander. Auf Stadtausflüge wird Ihr Welpe optimal vorbereitet, wenn Sie Großstadtgeräusche zunächst von einem Band abspielen. Am günstigsten ist dies während der Fütterung, denn dann verknüpft Ihr kleiner Labrador die ungewohnten Geräusche gleich mit etwas Positivem. Steigern Sie die Lautstärke allerdings erst allmählich. Gewöhnen Sie Ihren jungen Vierbeiner ebenfalls frühzeitig an die Mitnahme und das gesittete Verhalten im Auto und in öffentlichen Verkehrsmitteln.

Verschiedene Bodenuntergründe sowie das Element Wasser kennenzulernen, ist für die Sozialisierungsphase wichtig.

Gewöhnen Sie Ihren Welpen langsam an alle Geräusche und Situationen des Alltags.

Mit Schwung ins Wasser springen und dem Kumpel das Spielzeug abjagen – das macht Spaß.

Neue Eindrücke sammeln

Lassen Sie den Welpen auf Spaziergängen in Ruhe seine Umgebung erkunden. Lockern Sie den Ausflug zwischendurch mit kleinen Spielchen auf, die all seine Sinne anregen und auch das Interesse an Ihnen wecken. So lernt Ihr Labi schnell spielerisch, dass es sich lohnt, Ihnen zu folgen. Provozieren Sie Begegnungen mit Artgenossen, anderen Tieren und Menschen. Beginnen Sie bereits spielerisch mit der Erziehung, indem Sie Ihrem Labrador beispielsweise durch Ablenkung mit einem verlockenden Spielzeug beibringen, fremde Menschen nicht anzuspringen. Nimmt ein anderer Hundebesitzer von einem Zusam-

Ein Welpe braucht den Kontakt zu Artgenossen gleichen Alters, aber auch zu Älteren.

mentreffen mit Ihnen Abstand, respektieren Sie sein Verhalten. Vielleicht genoss sein Hund nicht so eine gute Sozialisierung wie Ihrer. In solch einem Fall nehmen Sie Ihren Welpen lieber an die kurze Leine und gehen ohne direkten Kontakt am anderen Vierbeiner vorbei; schließlich muss Ihr Labi auch lernen, sich selbst im Vorbeigehen manierlich zu verhalten. Wechseln Sie außerdem öfter mal die Wege. Das Kennenlernen verschiedener Bodenuntergründe sowie von Wasser fällt ebenfalls in die wichtige Sozialisierungsphase.

Absolut empfehlenswert ist der Besuch einer Welpenspielstunde in einer guten Hundeschule. Hier lernt der junge Vierbeiner zusammen mit gleichaltrigen Artgenossen, wie er sich hündisch korrekt verhält. Zudem wird er dort mit unterschiedlichen Geräuschen und Gegenständen wie zum Beispiel einem aufgespannten Regenschirm, klappernden Töpfen oder flatternden Folien vertraut gemacht. Gehen Sie allerdings erst mit Ihrem Welpen auf den Hundeplatz, wenn er die zweite Impfung bereits erhalten hat und somit gegen diverse Infektionskrankheiten grundimmunisiert ist. Häufige Hundebesuche bei Ihnen daheim fördern eine gute Verträglichkeit mit Artge-

Einfacher hat es der Neuzugang, wenn er sich von einem älteren, bereits im Haushalt lebenden Hund vieles abschauen kann.

nossen. Da Ihr Labrador dann nicht mehr als vierbeiniger Alleinherrscher im Mittelpunkt steht, wirken solche Besuche sogar „Einzelkindallüren" entgegen.

„Hey, du. Hast du zugeschaut? Habe ich das gerade nicht toll gemacht?"

45

Welpenspielplatz zu Hause

Mit einfachen und ganz alltäglichen Dingen können Sie Ihrem Welpen leicht einen Abenteuerspielplatz für zu Hause kreieren. Führen Sie Ihr Hundekind an alle Stationen langsam heran und zeigen Sie ihm alles ganz behutsam. Vergessen Sie nie ein ausgiebiges Loben, wenn der Welpe mutig erkundet. Seien Sie geduldig mit Angsthasen und bestätigen Sie diese für jeden kleinen Schritt mit Leckerli und freundlicher, beruhigender Stimme.

ⓘ Befestigen Sie an einer Wäscheleine alte Stofffetzen: Hier lernt der Kleine, sich nicht von flatternden Dingen aus der Ruhe bringen zu lassen. Eine Stufe schwieriger wird's mit Folienresten, denn diese rascheln auch noch.

ⓘ Legen Sie eine Malerfolie auf dem Boden aus: Dies ist ein fremder, raschelnder und glatter Untergrund, den es zu betreten gilt. Streuen Sie für Zaghafte Leckerli auf der Folie aus.

ⓘ Stellen Sie einen großen, offenen Karton auf, den Ihr Vierbeiner nach Herzenslust erkunden und anschließend auch zerlegen darf.

ⓘ Legen Sie eine Leiter auf den Boden und führen Sie Ihren jungen Labrador langsam darüber. Hier ist Koordination gefragt, denn er lernt, seine Pfoten genau in die Leerräume zwischen den Sprossen zu setzen.

ⓘ Stellen Sie eine Hundetransportbox mit geöffneter Tür auf und verteilen Sie in der Box Leckerli: So wird der Welpe schon spielerisch mit der Box vertraut gemacht, verknüpft sie mit etwas Posi-

Ein Weidenkorb mit Spielsachen ist für Ihren Welpen ein interessantes Erkundungsobjekt.

Verteilen Sie in einer offenen Transportbox Leckerli oder Spielzeug.

tivem (Futter) und empfindet später die Reise darin als etwas ganz Normales.

ⓘ Lassen Sie zunächst in großer (!) Entfernung vom Welpen eine aufgeblasene Butterbrottüte platzen, sodass er den Knall erst nur sehr gedämpft hört. Zusätzlich kann er währenddessen von einer zweiten Person abgelenkt werden. Wenn sich der Hund entspannt hat, ausgiebig loben und belohnen. Erhöhen Sie ganz langsam die Intensität des Geräusches. Auf diese Weise lernt ein Welpe Silvesterknallerei und Donnergrollen zu trotzen. Selbstverständlich funktioniert diese Übung auch wieder über eine aufgenommene Kassette oder CD, aber die Geräuschkulisse wie immer bitte maßvoll beginnen und nur langsam steigern.

ⓘ Haben Sie ein Zelt, so stellt auch das ein interessantes Erkundungsobjekt dar, das sowohl durch die Überdachung, als auch durch den Zeltboden neu und aufregend ist.

ⓘ Legen Sie einen Eimer auf den Boden und lassen Sie ihn erkunden.

ⓘ Stellen Sie zum genauen Erforschen einen aufgespannten Sonnenschirm auf den Boden, legen Sie als Lockmittel Leckerli darunter aus.

Bitte beachten Sie, dass dieser Spielplatz für daheim auf keinen Fall das Welpenspielen auf einem Hundeplatz ersetzt. Es stellt lediglich eine gute Ergänzung dar, die Ihren Vierbeiner anderen Alltagssituationen gegenüber selbstbewusster und gelassener werden lässt.

Ein aufgespannter Schirm bietet
für einen Welpen ungeahnte Reize.

Auch ausgelassene Spielrunden sollten auf einem (eingezäunten!) Hundeplatz erlaubt sein.

So finden Sie die passende Hundeschule

Hundeschulen und Tiertrainer gibt es inzwischen an vielen Orten. Welche Möglichkeiten Sie in Ihrer Region haben, wissen in der Regel Tierärzte, örtliche Tierheime oder andere Hundehalter. Auch überregionale Verbände und Organisationen sind kompetente Ansprechpartner. Ebenfalls lohnt sich eine Suche im Internet. Haben Sie nun eine konkrete

ⓘ *Ist der Trainer schon am Telefon bereit, ausführlich Fragen zu beantworten und fragt er Sie auch viel über Sie und Ihren Hund?*

ⓘ *Nach welcher Methode wird trainiert?*

ⓘ *Kann der Trainer eine fundierte Ausbildung nachweisen?*

ⓘ *Gibt es ein (eingezäuntes!) Trainingsgelände, auf dem die Hunde in Trainingspausen auch mal miteinander spielen dürfen?*

ⓘ *Wie groß sind die Trainingsgruppen? Zu große Gruppen lassen kaum noch Spielraum für die genaue Beobachtung und Beratung eines jeden Einzelnen.*

ⓘ *Gibt es auch Einzelstunden für individuelle Probleme?*

ⓘ *Stehen die Kosten in einem vernünftigen Verhältnis zum Angebot?*

ⓘ *Sind ein anfängliches Zusehen sowie ein Probetraining möglich?*

ⓘ *Stimmt die Chemie zwischen Ihrem Labrador und dem Trainer sowie zwischen Ihnen und dem Trainer?*

ⓘ *Freut sich Ihr Labi, wenn es auf den Hundeplatz geht und hat er Spaß am Training?*

ⓘ *Macht Ihr Hund langfristig Fortschritte?*

Hundeschule im Auge, prüfen Sie das Angebot anhand der Fragen im Kasten genau. Merken Sie, dass Sie mit dem Trainer oder der angebotenen Methode nicht zurechtkommen, wechseln Sie die Hundeschule. Handeln Sie immer im Interesse Ihres Hundes. Nur ein Labrador, der Spaß an der Sache hat, lernt gerne und leicht. Auch Sie können in einer kompetenten und sympathischen Hundeschule nette Freundschaften und Kontakte mit Gleichgesinnten knüpfen und einen wichtigen Erfahrungsaustausch pflegen.

Beobachten Sie genau, ob Ihr Labi Spaß am Training hat, denn Freude an der Sache muss immer an erster Stelle stehen.

Erste Erziehungsschritte

Das Abrufen aus einer solchen Situation darf bei einem gut erzogenen Hund kein Problem darstellen.

Häufig lassen sich gerade Ersthalter vom süßen Blick und putzigen Verhalten ihres neuen Familienmitglieds einwickeln und verschieben die Erziehung des kleinen Rackers zunächst einmal auf unbestimmte Zeit. Machen Sie diesen Fehler nicht. Am aufnahmefähigsten ist ein Welpe bis zur 18. Lebenswoche, nützen Sie also diese Zeit und fangen Sie sofort mit einer spielerischen Erziehung an. Ganz entscheidend für die Lernbereitschaft und damit auch die Lernfähigkeit ist das Lernklima. Stress und Angst sind Gift für ein erfolgreiches Lernen; sicherlich können Sie das aus eigener Erfahrung gut nachvollziehen. Verschaffen Sie Ihrem Hund daher eine ruhige, angenehme und entspannte Atmosphäre, in der er, verstärkt durch die richtige Motivation, Spaß am Lernen hat.

Stubenreinheit

Wie ein Menschenbaby braucht auch ein Welpe zunächst ein gewisses Bewusstsein dafür, wo er sich lösen darf und wo nicht. Bei

Wie lernt ein Welpe?

ⓘ *Welpen sind ganz genaue Beobachter und lernen somit rasch, wovor Sie Angst haben, wen Sie mögen und wen nicht; auch die familieninterne Rangordnung durchschauen sie schnell.*

ⓘ *Welpen sind Praktiker; vieles lernen sie durch Erfahrung, wie schlechte oder gute Erlebnisse, Bestrafung und Lob.*

ⓘ *Das genaue Lernverhalten eines Welpen ist abhängig von seinem individuellen Charakter, seiner Intelligenz und seinen speziellen, angeborenen Neigungen.*

der Erziehung zur Stubenreinheit ist viel Behutsamkeit angebracht. Überfordern Sie Ihren kleinen Labi nicht. Tragen Sie ihn nach jeder Mahlzeit und gleich nach dem Aufwachen zum Lösen ins Freie. Beobachten Sie Ihr Hundekind ganz genau: auch, wenn er beispielsweise breitbeinig am Boden schnüffelt, ist schnelles Handeln angebracht, denn postwendend kann ein Pfützchen folgen.

Verrichtet der Kleine draußen sein Geschäft, loben Sie ihn unbedingt überschwänglich. Als anfängliches Welpenlager nachts empfiehlt sich ein hoher Pappkarton oder eine Transportbox in Ihrem Schlafzimmer, aus der Ihr Vierbeiner nicht selbstständig herauskommt. Da er sein eigenes Lager nicht beschmutzen möchte, wird er unruhig und fängt an zu winseln, wenn er muss. Bringen Sie ihn dann schnell hinaus. Entdecken Sie ein Pfützchen

Schnüffelt Ihr Hundekind breitbeinig am Boden, ist es möglich, dass kurz darauf ein Pfützchen folgt.

Das ist ein großes Lob wert: Wie erwartet verrichtet der Kleine draußen sein Geschäft.

im Haus, entfernen Sie es stillschweigend und gründlich, damit Ihr Welpe nicht wieder, von seinem eigenen Geruch angezogen, an derselben Stelle uriniert. Ertappen Sie ihn gerade beim Lösen, heben Sie ihn mit einem bestimmten „Nein" hoch und tragen Sie ihn ins Freie. Fährt er dort mit seinem Geschäft fort,

Plötzliche Unsauberkeit

*Unsauberkeit im Erwachsenenalter hat viele Gesichter. Gehen Sie zunächst zu einem Tierarzt, um eine organische Ursache abzuklären. Kann dies zweifelsfrei ausgeschlossen werden, begeben Sie sich in Ihrem Umfeld bzw. in der Seele Ihres Hundes auf Spurensuche. Fühlt sich Ihr Hund einsam oder vernachlässigt, verkraftet er einen eventuellen Umzug nicht, ist er eifersüchtig oder wird er gar von Artgenossen aus der Umgebung gemobbt? Häufig steckt ein psychisches Problem des möglicherweise unverstandenen Vierbeiners dahinter. Bestrafen Sie Ihren Hund auf keinen Fall für seine plötzliche Unsauberkeit. An erster Stelle muss stets die Ursachenforschung stehen. Daraufhin folgt eine Verhaltensänderung seitens des Besitzers und schließlich auch des Hundes. Unterstützend hat sich der Einsatz von **Bachblüten** bewährt. Um jedoch differenziert auf das jeweilige Problem des Vierbeiners eingehen zu können, empfiehlt sich anstelle einer willkürlichen Eigenmedikation ein ausführliches Gespräch mit einem veterinärmedizinisch erfahrenen Bachblütentherapeuten.*

loben Sie ihn wieder ausgiebig. Stupsen Sie nie die Hundenase in die Hinterlassenschaften des Welpen, denn dies hat keinerlei Lerneffekt, ist Tierquälerei und somit als Strafe völlig ungeeignet. Es führt nur zu einem Vertrauensbruch zwischen Ihnen und Ihrem Labrador. Bringen Sie Ihr Hundekind anfangs vorsichtshalber alle ein bis zwei Stunden nach draußen. Je aufmerksamer Sie Ihren Welpen beobachten und je schneller Sie dann reagieren, umso rascher wird Ihr Labi stubenrein.

Leinenführigkeit

Mit ein paar Tricks können Sie Ihrem Welpen schnell ein ordentliches Gehen an der Leine beibringen. Bleiben Sie dabei auf Dauer konsequent, wird sich Ihr Labi auch später kein übermäßiges Ziehen angewöhnen. Machen Sie Ihr Hundekind zunächst einmal spielerisch mit seiner Leine vertraut. Lassen Sie es ausgiebig daran schnuppern und zeigen Sie ihm, dass hiervon absolut keine Gefahr für ihn ausgeht. Haben Sie Ihren Welpen angeleint, „überreden" Sie ihn mit einem Leckerli oder seinem Lieblingsspielzeug ein paar Schritte an der Leine zu gehen. Loben und belohnen Sie ihn ausgiebig, wenn er die Leine vergisst und Ihnen folgt. Stellt er sich stur, setzt sich hin oder lässt sich fallen, geben Sie nicht nach. Setzen Sie sich unbedingt spielerisch durch, denn einige Vierbeiner probieren bei dieser Übung bereits, wie weit sie mit ihrem Sturköpfchen gehen können. Versuchen Sie Ihren Welpen in einem solchen Fall abzulenken und locken Sie ihn zu sich. Die richtige Motivation spielt für den jungen Hund eine entscheidende Rolle. Loben Sie sofort ausgiebig bei jedem Schritt in die richtige Richtung.

Hat Ihr Labrador die Leine erst einmal akzeptiert, geht es daran, ihn gar nicht erst zum Ziehen zu verleiten. Rufen Sie Ihren Hund zu sich und klopfen Sie sich dabei gleichzeitig

Ihr Hund hat noch mehr Spaß am Lernen, wenn Sie ihm eine ruhige, angenehme und entspannte Atmosphäre verschaffen.

aufmunternd ans Bein, sobald sich die Hundeleine spannt. Machen Sie sich interessant, indem Sie ein Leckerli oder das Lieblingsspielzeug Ihres Vierbeiners in der Hand halten. Reden Sie immer wieder mit Ihrem Labi und motivieren Sie ihn mit Spaß, an lockerer Leine bei Ihnen zu bleiben. Loben Sie ausgiebig, wenn Ihr Jungspund zu Ihnen kommt und auch bei Ihnen bleibt. Gehen Sie außer-

Vorsicht mit Flexileinen
Verwenden Sie aufrollbare Flexileinen erst, wenn Ihr Hund zuverlässig leinenführig ist, ansonsten könnte ihn die vermeintlich gegebene Freiheit durch die Länge dieser Leine zu einem stetigen Ziehen verleiten.

Will Ihr Labrador nicht weitergehen, motivieren Sie ihn mit aufmunternden Worten oder einer Spielaufforderung.

dem öfters neue Wege, so wird der tägliche Gang für Sie beide interessanter.

Erfolgreiche Verzögerungstaktik

Eine weitere Möglichkeit, eine gute Leinenführigkeit zu erreichen, ist, stehen zu bleiben, sobald sich die Leine spannt. Reden Sie nicht mit Ihrem Hund und ziehen Sie auch selbst nicht an der Leine, sondern warten Sie einfach ab. Geht der Spaziergang nicht weiter, wird sich Ihr wedelnder Begleiter schnell umdrehen, um zu sehen, warum es eine Verzögerung gibt. Lockert sich in diesem Moment die Leine, loben Sie Ihren Vierbeiner sofort ausgiebig und setzen Sie Ihren Gang in die genau entgegengesetzte Richtung fort. Diese Übung erfordert viel Ruhe und Geduld. Anfangs sind etliche Wiederholungen nötig, doch schließlich hat Ihr Labrador verstanden, dass auf ein Ziehen an der Leine ein sofortiger Stillstand und anschließender Richtungswechsel erfolgt, kein Leinenzug jedoch viel Lob und Spaß bringt.

Ein Leinenruck oder -zug Ihrerseits ist nicht empfehlenswert, um übermäßiges Ziehen an der Leine einzudämmen. Zum einen kann dies die empfindliche Halswirbelsäule und

den Kehlkopf massiv verletzen; zum anderen zeigen Sie dem Hund genau *das* Verhalten, welches Sie ihm eigentlich abgewöhnen wollen. Ziehen Sie auch dann nicht an der Leine, wenn Ihr Vierbeiner längere Zeit schnüffelt und nicht weiter gehen will. Motivieren Sie ihn lieber mit aufmunternden Worten oder einer Spielaufforderung zum Weitergehen. Das Weitergehen können Sie sogar üben, indem Sie immer das gleiche Kommando wie beispielsweise „Weiter" sowie eine auffordernde Handbewegung verwenden. Dies lernt

Übertriebene Leinenführigkeit

Einige Hundeführer lassen ihre Vierbeiner an der Leine nur streng Bei-Fuß gehen. Dies ist als Dauerzustand sicherlich übertrieben. Der Hund hat durch das ständige Bei-Fuß-Gehen keine Möglichkeit mehr, unterwegs stehen zu bleiben und zu schnüffeln. Da das Lesen und Setzen von Duftmarken für den Vierbeiner zu einem intakten Sozialverhalten und der internen Kommunikation mit Artgenossen gehört, macht ihm solch ein strenger Spaziergang schlicht und einfach keinen Spaß. Ab und zu ein kleiner Zug nach vorne ist erlaubt und noch nicht als mangelnde Leinenführigkeit anzusehen. Gönnen Sie Ihrem bellenden Kamerad möglichst oft leinenfreie Phasen, in denen er sich nach Herzenslust so richtig austoben darf.

Machen Sie kein Aufhebens um Ihren Aufbruch und Ihre Rückkehr, ansonsten erziehen Sie Ihren Vierbeiner zu späterer Trennungsangst.

Ihr Hund am schnellsten unangeleint auf einer Wiese. Weil sich Hunde sehr an Ihrer Körpersprache orientieren, ist es wichtig, dass Sie nach der gesprochenen Aufforderung „Weiter" auch wirklich weiter gehen und nicht stehen bleiben. Läuft Ihnen Ihr Labrador nach, loben Sie sofort wieder kräftig und geben Sie ihm ein Leckerli oder spielen Sie zur Belohnung mit ihm.

Alleinbleiben

Gesittetes Alleinbleiben will gelernt sein und zwar von klein auf, schließlich kann man einen Hund nicht immer und überall hin mitnehmen. Lassen Sie Ihren Labrador anfangs nur kurz allein und zwar erst, wenn er sich in seiner Umgebung ganz sicher und geborgen fühlt. Entfernen Sie sich aus dem Zimmer, wenn er schläft oder mit einem Kauröllchen beschäftigt ist. Liegt Ihr Welpe bei Ihrer Rückkehr noch brav auf seinem Platz, loben

Sie ihn. Vergrößern Sie langsam die Zeitspanne und gehen Sie schließlich ganz aus dem Haus. Machen Sie kein Drama aus Ihrem Weggehen und verabschieden Sie sich nicht groß. Je mehr Aufhebens Sie um Ihren Aufbruch und Ihre Rückkehr machen, umso eher erziehen Sie Ihren Vierbeiner zu späterer Trennungsangst. Loben Sie jedoch, wenn er brav auf Sie gewartet hat, und spendieren Sie ruhig auch mal ein Leckerli.

Trotz aller Übung gibt es immer wieder Härtefälle, die sich sehr schwer mit dem gesitteten Alleinbleiben tun. Versüßen Sie so einem „Sorgenkind" die Zeit des Wartens mit einfachen Spielsachen.

Rezepte gegen Langeweile

Bevor sich Ihr Hund über Gardinen, Möbel oder andere Einrichtungsgegenstände hermacht, stellen Pappschachteln oder leere Allzweckrollen eine willkommene Abwechslung dar, um den hündischen Frust abzureagieren. Eine tolle Beschäftigung garantieren außerdem kleinere, stabile Kartons mit Deckel. Darin verstecken Sie in Zeitung gewickelte Leckerlis. Nun verschließen Sie den Karton. Während Supernasen schon so die Knabbereien erschnuppern und eifrig „auspacken"

Gehört Ihr Hund zu den Härtefällen, die sich trotz aller Übung sehr schwer mit dem gesitteten Alleinbleiben tun, versüßen Sie ihm die Zeit des Wartens mit sinnvoller Beschäftigung.

Die Gesellschaft eines befreundeten „Leihhundes" hat schon so manchen Unruhegeist zur Vernunft gebracht, sodass er inzwischen sogar alleine bleibt.

werden, können Sie für weniger Geübte einige „Duftlöcher" in die Schachtel stechen.

Vergräbt Ihr Hund gerne Leckereien, hat es sich bewährt, ihm Plätze in der Wohnung dafür einzurichten, an denen er nach Herzenslust „graben" darf. Hierfür verteilen Sie beispielsweise ausgediente Handtücher oder Decken an verschiedenen Stellen eines Raumes. Dies schützt auch davor, einen feucht-klebrigen Kauknochen oder ähnliches abends im eigenen Bett zu finden.

Interessanter ist das Warten ebenfalls mit einem Futterball aus dem Fachhandel, der nur ab und zu, bei bestimmten Bewegungen über verschieden große Öffnungen Leckerlis frei gibt; von Ihrem Labrador ist hier Geduld und Geschicklichkeit gefordert. Auf jeden Fall ist er dadurch von anderem Schabernack abgelenkt. Ihr Labi fühlt sich auch nicht so einsam, wenn in Ihrer Abwesenheit das Radio läuft.

Da geteiltes Leid bekanntlich halbes Leid ist, wäre eine andere Möglichkeit, sich einen zweiten Hund anzuschaffen, bzw. seinen Hund eventuell vorübergehend mit einem befreundeten „Leihhund" aus der Nachbarschaft zu vergesellschaften. Dies hat schon so manchen Quälgeist zur Vernunft gebracht, sodass er inzwischen sogar alleine und, ohne außerplanmäßige Dummheiten zu machen, auf Herrchens Heimkehr wartet.

Schimpfen Sie Ihren Vierbeiner nicht, wenn er während Ihrer Abwesenheit etwas angestellt hat; dafür müssten Sie ihn wirklich auf frischer Tat ertappen, ansonsten bringt er die Bestrafung nur mit Ihrer Rückkehr, nicht aber mit seinem Vergehen in Zusammenhang. Ignorieren Sie Ihren Labi lieber, bis Sie alle Spuren beseitigt haben.

Vor dem Alleinebleiben nochmal so richtig im Garten toben – das macht müde.

Weitere Tipps

Das Alleinebleiben fällt Hunden leichter, die müde sind. Gehen Sie daher vorher mit Ihrem Vierbeiner spazieren oder spielen Sie mit Ihm.

Auch satte Hunde sind schläfrig. Es empfiehlt sich also außerdem, Ihren Labrador vor Ihrem Weggang zu füttern. Lassen Sie ihn anschließend aber noch einmal nach draußen, damit er sich lösen

kann. Viele Hunde tröstet schon ein vertrautes Kleidungsstück wie ein ausrangierter Socken oder eine alte Jacke von Ihnen im Körbchen.

Abgewöhnen von Jugendsünden

Ab etwa dem achten Lebensmonat beginnt die Flegelphase eines Junghundes. In diese Zeit fällt auch die Geschlechtsreife des Vierbeiners. Nun testet Ihr Labrador vermehrt aus, wie weit er bei Ihnen gehen kann, ob er Ihnen wirklich gehorchen muss oder nicht. Außerdem stellt der Jungspund allerhand Unfug an. Manche Hunde sind hierbei unglaublich einfallsreich. Kein Wunder, schließlich suchen sie mit ihrem aufmüpfigen Verhalten ihre genaue Rangposition innerhalb des Familienrudels. Damit Ihnen Ihr Labi nun nicht langsam aber sicher über den Kopf wächst, ist spätestens jetzt ein konsequentes Grenzensetzen enorm wichtig. Achten Sie auf feste sowie klare Regeln und einen strukturierten Tagesablauf für Ihren Vierbeiner. Somit merkt er schnell, wer in der Familie das Sagen hat; er orientiert sich daran und passt sich an.

Knabber- und Beißspiele

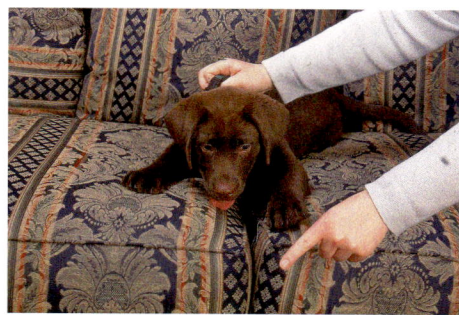

In der Flegelphase stellt der Vierbeiner häufig allerhand Unfug an. Manche Hunde sind hierbei unglaublich einfallsreich.

Absolut nicht erwünscht ist das Beknabbern und Zerbeißen von Schuhen oder ähnlichem. Der bellende Teenager zwickt auch gerne in Hände, Füße und (Hosen-)Beine. Zwar ist das Knabbern nicht generell schlecht, immerhin nimmt der Junghund damit seine Umgebung ganz genau unter die Lupe; neue Dinge lernt er also auf diese Weise erst einmal kennen. Trotzdem müssen Sie dieses Verhalten zu Hause in die richtigen Bahnen lenken. Am besten bekommt Ihr Labrador gar keine Gelegenheit, an Ihre Schuhe oder Socken zu gelangen. Hat er doch einmal etwas Unerlaubtes zwischen den Zähnen, nehmen Sie es ihm mit einem energischen „Nein" weg. Nach einer kurzen Pause lenken Sie ihn mit einem kleinen Spiel ab, und geben ihm anschließend ein erlaubtes

Kauspielzeug. In dieser Phase ist es besonders wichtig, dem Vierbeiner genügend „legale" Knabberspielsachen aus Hartgummi, Hartholz oder Büffelhaut zur Verfügung zu stellen, denn häufig kaut der Welpe schon aus Langeweile. Ebenfalls unerlässlich ist natürlich eine angemessene Auslastung durch Spaziergänge und Spiele.

Stellen Sie Ihrem Labrador vor allem in der Flegelphase genügend Knabberspielsachen zur Verfügung, denn viele Jungspunde kauen schlichtweg aus Langeweile heraus.

Bekommt Ihr Hund Leckerbissen vom Tisch, brauchen Sie sich über penetrantes Betteln nicht zu wundern.

Vergreift sich Ihr Labi im Spiel zu fest an Ihrer Hand, reagieren Sie erneut mit einem „Nein" und beenden Sie das Spiel sofort. Bald stellt der Kleine sein Zwicken ein, denn der stets folgende Spielentzug macht das Beißen unattraktiv.

Betteln

Geben Sie Ihrem Hund einen Leckerbissen vom Tisch, erziehen Sie ihn regelrecht zum Betteln. Selbst wenn Sie dieses Verhalten nicht stört, fallen Ihr Junghund und damit auch Ihre Erziehung bei Besuchern oder in einer eventuellen Pflegestelle doch sehr negativ auf. Damit es erst gar nicht so weit kommt, richten Sie Ihrem Vierbeiner von Anfang an einen eigenen, festen Futterplatz ein; nur hier

wird er gefüttert. Während Ihrer Mahlzeit muss Ihr Vierbeiner auf seinem Platz liegen. Wollen Sie ihm dennoch ein kleines Stückchen Wurst oder Käse von Ihrer Brotzeit abgeben, füttern Sie es Ihrem Hund trotzdem erst, wenn Sie mit Essen fertig sind.

Futterklau

Viele Hunde klauen bei jeder Gelegenheit wie die Raben alles Essbare vom Tisch. Dies ist dem Vierbeiner nur schwer abzugewöhnen, denn es handelt sich dabei um ein selbst belohnendes Verhalten: der Hund wird mit dem geklauten Futter umgehend für seine Tat belohnt. Diese Verstärkung bringt Ihren Hund also dazu, die unerlaubte Handlung immer wieder durchzuführen. Am besten lassen Sie nichts Essbares in Reichweite Ihres Labis liegen.

Schimpfen Sie Ihren Labrador Retriever nur, wenn Sie ihn auf frischer Tat ertappen, ansonsten hat er seinen Diebstahl vergessen und bringt die Strafe mit Ihrer Rückkehr in Verbindung. Einen Futterklau können Sie auch provozieren und gleich mit einem schlechten Erlebnis für den Vierbeiner kombinieren: Befestigen Sie dafür an einem besonders verlockend duftenden Leckerbissen laut scheppernde Blechdosen. Platzieren Sie die Verlockung nun genau an der Tischkante. Entfernen Sie sich anschließend aus dem Zimmer und lassen Sie Ihren Hund mit der Versuchung allein. Schnappt er jetzt nach der Leckerei, fallen auch die Dosen lärmend zu Boden. Ihr Dieb erschreckt sich und wird so schnell nichts mehr vom Tisch klauen.

Seine Größe und seine Verfressenheit macht den Labrador gerne zum „klauenden Raben" menschlichen Essens.

Springen auf Möbel

Hunde lieben erhöhte Sitz- und Liegeplätze; daher springen sie gerne auf das Bett, die Couch oder einen Sessel. Nicht nur der gemütliche Liegekomfort spielt hier eine Rolle, sondern auch die tolle Rundumsicht, mit der

Hunde lieben erhöhte Aussichtsplätze. Aber aufs Sofa sollte der Labi nur mit Ihrer Erlaubnis dürfen und vor allem ohne Murren wieder herunterspringen.

Hund stets alles im Blick hat. Im Prinzip spricht nichts dagegen, wenn Ihr Labrador auf Kommando hinauf- und wieder hinabspringt. Tut er das nicht, oder nur unter Protest, lassen Sie ihn gar nicht mehr nach oben. Wollen Sie dies nicht, nützt eine Bestrafung jedoch wieder nur, wenn Sie den Täter prompt überführen. Damit sich Ihr Vierbeiner während Ihrer Abwesenheit nicht unerlaubt aufs Bett oder auf die Couch begibt, machen Sie ihm die Liegefläche einfach so ungemütlich wie möglich: legen Sie eine dünne Decke aus, unter der Sie lärmende Gegenstände wie Topfdeckel oder mit Kieselsteinen gefüllte Blechdosen verstecken. Springt Ihr Hund nun auf das so präparierte Sofa, erschreckt er durch die laut scheppernden Dinge. Auch der Liegekomfort ist dadurch stark beeinträchtigt, sodass Ihre Couch schnell unattraktiv wird. Manchmal reicht es sogar schon, den verbotenen Platz mit beidseitigem Klebeband zu präparieren: bei jeder Berührung ziept es, weil einige Haare daran hängen bleiben.

Damit übermäßiges Bellen aus Langeweile unterbleibt, ist ein vielseitiges Beschäftigungsprogramm wichtig.

Übermäßiges Bellen

Dauerkläffen kommt bei Labradors eher selten vor; stellt sich dieses Verhalten jedoch ein, kann es verschiedene Ursachen haben. Viele Hunde bellen, um mehr Aufmerksamkeit zu bekommen. Ihre wütende Reaktion reicht ihnen meist schon als Bestätigung und Motivation, weiterzumachen. Andere Vierbeiner bellen aus Unsicherheit oder Angst: etliche sensible Vertreter werden gerade während Ihrer Abwesenheit aus Verlassensangst laut (siehe Kapitel „Alleinbleiben"). Manchen Kläffern wurde das Bellen auch unbewusst anerzogen: gerade bei Junghunden wird das

Anschlagen häufig in bestimmten Situationen durch eine Belohnung gefördert. Oft steigern sich Hunde immer weiter in ihr Kläffen hinein. Um übermäßiges Bellen abzustellen, ist in erster Linie eine intensive, auslastende Beschäftigung wichtig. Fordern Sie Ihren Labi mit einer alternativen Aufgabe. Loben und Belohnen Sie Ihren Hund in Bellpausen ausgiebig. Lassen Sie Ihren redseligen Vierbeiner während seiner „Arie" ins „Platz" gehen: Im Liegen fühlen sich Hunde unsicherer und möchten nicht noch zusätzlich auf sich aufmerksam machen. Auch ein großer Kauknochen kann hilfreich sein.

Grundkommandos

„Sitz"

Reagiert Ihr Labrador zuverlässig auf seinen Namen, beginnen Sie mit der „Sitz"-Übung. Nehmen Sie hierfür ein Leckerli in die Hand, zeigen Sie es Ihrem Hund, damit er aufmerksam wird, aber geben Sie es ihm noch nicht. Führen Sie nun den Futterbrocken langsam an der Nasenspitze des Vierbeiners vorbei nach oben und dann nach hinten, in Richtung Hundestirn. Weil Ihr haariger Schüler dem verlockenden Leckerbissen folgen möchte, muss er sich am Ende Ihrer Handbewegung zwangsläufig hinsetzen. Belohnen Sie ihn jetzt sofort mit der Leckerei, sagen Sie dabei das Kommando „Sitz" und loben Sie ihn ausgiebig. Wiederholen Sie diese Übung mehrmals täglich. Setzt sich Ihr Vierbeiner nicht hin, drücken Sie zusätzlich sanft sein Hinterteil nach unten. Loben und belohnen Sie sofort, wenn er sitzt und geben Sie auch den Befehl „Sitz". Klappt die Lektion schließlich auf Kommando, verwenden Sie zusätzlich zur Sprache ein Sichtzeichen (z.B. erhobener Zeigefinger). Später genügt das visuelle Signal, damit Ihr Labi absitzt. Das Erlernen von Sichtzeichen kann Ihnen und Ihrem Hund vor

Labi aufgepasst!

*Trainieren Sie mit Ihrem Labrador nur, wenn Sie seine volle **Aufmerksamkeit** haben. Machen Sie sich für Ihren Hund zunächst also mit einem Leckerli oder seinem Lieblingsspielzeug interessant. Beginnen Sie die Übung erst, wenn Ihr Vierbeiner genau auf Sie achtet.*

allem auf die Entfernung hin sehr nützlich sein. In der Regel lernen Hunde das „Sitz" sehr schnell.

„Platz"

Da das Hinlegen auf Befehl vom Hund als Unterordnung empfunden wird, ist das Einüben des „Platz"-Befehls häufig schwieriger als das Erlernen des Kommandos „Sitz". Nicht jeder Vierbeiner möchte sich so einfach ergeben, daher kann es hierbei vor allem mit sehr selbstbewussten Hunden Probleme geben.

Lassen Sie Ihren Labrador zunächst vor Ihnen absitzen und anschließend an Ihrer Hand schnuppern, in der ein Leckerli versteckt ist. Gehen Sie dann mit Ihrer verlockend duftenden Hand von der Hundenase abwärts zwischen den Vorderbeinen des Hundes bis auf den Boden; dort angekommen ziehen Sie das Leckerli langsam zu sich her. Da Ihr haariger Schüler dem Futterbrocken mit der Nase folgen möchte, wird er sich aus Bequemlichkeit am Ende von selbst hinlegen, um besser an Ihre Hand zu gelangen. Sagen Sie genau in

Sobald Ihr Labi zuverlässig auf seinen Namen reagiert, können Sie mit der „Sitz"-Übung beginnen.

Bitte beachten Sie …

Vergessen Sie nicht, Befehle wie „Sitz", „Platz" oder „Bleib" durch ein entsprechendes Gegenkommando wie beispielsweise „Lauf" wieder aufzuheben.

Das Kommando „Platz" erlernt der Hund am besten aus der Sitzstellung.

diesem Moment „Platz", loben Sie den Hund ausgiebig und belohnen Sie ihn mit dem Leckerli. Steht Ihr Vierbeiner bei dieser Übung lieber auf, anstatt sich hinzulegen, helfen Sie mit sanftem Druck auf seine Schultern etwas nach. Bei Erfolg Lob und Belohnung sowie das gesprochene Kommando nicht vergessen. Klappt das „Platz", führen Sie ein zusätzliches Sichtzeichen ein. Winkeln Sie dafür beispielsweise Ihren Unterarm im 90°-Winkel an und strecken Sie ihn langsam nach unten aus; Ihre Handfläche bleibt ebenfalls dabei gestreckt.

„Bleib"

Das Kommando „Bleib" wird in der Hundeerziehung oft unterschätzt. In vielen Situationen kann es von großer Bedeutung sein, den Vierbeiner in einer bestimmten Position verharren zu lassen, beispielsweise vor dem Bäcker, im offenen Kofferraum, an einer Straße oder um den Hund von der Verfolgung von Wild oder einer Katze abzuhalten.

Beherrscht Ihr haariger Kamerad das Kommando „Bleib" perfekt, können Sie es ab jetzt in Ihren Alltag einbauen.

Am einfachsten lernt Ihr Labrador den Befehl „Bleib" über die Grundkommandos „Sitz" und „Platz". Lassen Sie Ihren Vierbeiner zunächst vor Ihnen absitzen oder abliegen. Kombinieren Sie dabei das „Sitz" oder „Platz" ab jetzt mit dem Wort „Bleib". Verwenden Sie zusätzlich von Anfang an folgendes Sichtzeichen: Ihre Handfläche zeigt am ausge-

streckten Arm zu Ihrem Hund. Dies symbolisiert Ihrem Labi ein Stopp bzw. ein Verharren in der momentanen Position. Erstrecken Sie das „Bleib" anfangs nur über eine sehr kurze Zeitspanne und steigern Sie diese erst allmählich. Sparen Sie wie immer nicht mit Lob. Schimpfen Sie andererseits nicht, wenn Ihr

Trainieren Sie das „Sitz und Bleib" sowie das „Platz und Bleib" langsam in einzelnen Schritten.

Indoor-„Bleib"-Training

An Regentagen können Sie den „Bleib"-Befehl gut in der Wohnung üben. Entfernen Sie sich zunächst nur innerhalb des Zimmers vom Hund. Solange Sie noch in Sichtweite sind, verwenden Sie unbedingt zum gesprochenen Kommando das Sichtzeichen, ein Signal, das Ihnen in freier Natur auf große Entfernung hin wertvolle Dienste leistet. Verlassen Sie später den Raum ganz, darf Ihr Hund seine Position so lange nicht verändern bis Sie es ihm erlauben. Erfinden Sie aus dieser Übung heraus Indoor-Spiele wie beispielsweise „Verstecken" (Mensch, Gegenstände, Futter etc.). Sparen Sie selbstverständlich auch bei

Spielen nie mit Lob. Stecken Sie Ihren eifrigen Vierbeiner mit guter Laune an, nur so macht Lernen Spaß!

wedelnder Schüler zunächst nicht in der gewünschten Stellung bleibt. Hier helfen nur Geduld und ein ruhiges „Nein" sowie das anschließende erneute In-Position-Bringen unter Verwendung der entsprechenden Befehle (z.B. „Sitz und Bleib") und des Sichtzeichens. Vergrößern Sie neben dem Zeitfaktor allmählich auch die Entfernung zum Hund.

Erhöhen Sie den Schwierigkeitsgrad nach und nach, indem Sie die Übungsorte wechseln, und außerdem Ablenkungen für Ihren Labi schaffen, auf die er natürlich nicht reagieren darf (z.B. durch Geräusche, Gegenstände, andere Menschen, andere Hunde). Selbst wenn Sie außer Sichtweite sind, sollte Ihr vierbeiniger Gefährte schließlich in der gewünschten Position verharren. Erschweren Sie die Übung immer erst dann, wenn der vorausgegangene Schritt wirklich sitzt. Beherrscht Ihr haariger Kamerad das Kommando „Bleib" perfekt, können Sie es ab jetzt in Ihren Alltag integrie-

Nützen Sie bei einem Welpen den noch vorhandenen Folgetrieb aus und beginnen Sie bereits mit einem verlockenden Leckerli die „Hier"-Übung.

ren und Ihren vierbeinigen Musterschüler beispielsweise in Erwartung eines leckeren Mitbringsels vor einem Supermarkt, während eines Ausflugs vor einem stillen Örtchen oder bei der Beeren- und Pilzsuche im Wald neben Ihrem Rucksack bedenkenlos warten lassen. Auch als ruhig verharrendes Fotomodell macht Ihr Labrador nun eine gute Figur.

„Hier"

Üben Sie das Herkommen zunächst in einem abgeschlossenen Terrain, in dem sich für den Hund möglichst wenige Ablenkungen bieten. Stellen Sie sich in kurzer Distanz vor den Hund hin und gehen Sie in die Hocke. Haben Sie die volle Aufmerksamkeit Ihres Labradors, rufen Sie ihn beim Namen und gleich darauf

das Kommando „Hier". Locken Sie Ihren Hund zusätzlich mit einem Leckerli oder seinem Lieblingsspielzeug. Kommt der Vierbeiner auf Sie zu, loben und belohnen Sie ihn ausgiebig. Vergrößern Sie die Distanz nach und nach. Gehen Sie jedoch wie immer erst zur nächsten Trainingseinheit über, wenn die Vorherige sicher sitzt. Loben Sie den Vierbeiner wieder überschwänglich, wenn er bei Ihnen ankommt.

Sitzt das „Hier" zuverlässig in abgeschlossenem Terrain, beginnen Sie mit dem Training im freien Feld. Hierbei hilft eine lange Schlepp-Leine, die Sie neben dem Hund schleifen lassen und mit der Sie Ihren Labi auf das Kommando „Hier" sanft zu sich herziehen. Auf diese Weise lernt Ihr bellender Kamerad schnell, Ihren verlängerten Arm zu respektieren und zuverlässig auf Befehl zu kommen, auch wenn Ablenkungen in der Nähe sind.

Auch die tägliche Fütterung eignet sich als Lockmittel. Wartet der Hund beispielsweise hungrig auf sein Futter, bringen Sie ihn in ein anderes Zimmer, und lassen ihn dort von einer Hilfsperson festhalten. Gehen Sie dann zurück zum Napf und rufen „Hier" oder benutzen Sie die Hundepfeife. Der Vierbeiner wird losgelassen und rennt sofort zu Ihnen beziehungsweise seinem heiß ersehnten Fressen. Mit dieser Methode verknüpft Ihr Labrador den gerufenen „Hier"-Befehl, der dem Pfiff auf der Hundepfeife entspricht, immer mit etwas Angenehmem.

Kommt Ihr Hund mehr oder weniger zufällig zu Ihnen, sagen Sie erneut sofort das Kommando „Hier" und loben und belohnen Sie ihn überschwänglich. Auch auf diese Weise kann der Groschen fallen.

Lob und Strafe

Lob ist in der Hundeerziehung der Schlüssel zum Erfolg. Belohnen Sie jeden Schritt in die richtige Richtung eines erwünschten Verhaltens sofort, auch wenn Ihr Hund zufällig handelt. Nur so motivieren Sie Ihren Vierbeiner, aus Spaß an der Freude mit Ihnen weiterzuarbeiten. Passen Sie die Art der Belohnung individuell an die Vorlieben Ihres Labradors an. So freuen sich manche Hunde schon sehr über ein gesprochenes Lob und Streicheleinheiten, andere bevorzugen eher Leckerlis. Einige Vertreter sind glücklich, wenn sie ihr Lieblingsspielzeug bekommen, wieder andere empfinden ein lustiges Spiel als tolle Belohnung. Setzen Sie Strafen dagegen nicht in Form von körperlicher Gewalt ein: Abgesehen von einem raschen Vertrauensbruch kann eine körperliche Züchtigung sogar als positive Verstärkung wirken, schließlich bekommt der Vierbeiner damit Aufmerksamkeit bzw. Zuwendung, auch wenn diese negativer Art ist. Dies bestärkt ihn wiederum in seinem Fehlverhalten und veranlasst ihn dazu, weiterzumachen. Viel wirkungsvoller als Gewalt ist der Entzug von Zuwendung, wenn es die Situation zulässt.

Ignorieren Sie unerwünschtes Verhalten also einfach. Schwerwiegende Verhaltensauffällig-

Nur, wenn Sie richtig interessant sind, wird Ihr Labi auf Ihr Kommando reagieren und herkommen.

keiten wie Schnappen oder Beißen dürfen selbstverständlich nicht ignoriert werden. Wenden Sie sich in einem solchen Fall an einen kompetenten Hundetrainer. Bellt Ihr Hund beispielsweise übermäßig, ignorieren Sie es. Belohnen Sie andererseits aber jede Bellpause. Auf diese Weise lernt Ihr haariger Freund, dass sich Nicht-Bellen mehr auszahlt als Kläffen. Eine weitere wirksame Vorgehensweise gegen unerwünschtes Verhalten ist, Ihren renitenten Labi in eine bestimmte langweilige Zimmerecke zu schicken, in der es weder Zuwendung, Futter, eine Schlafdecke und Spielsachen, noch ein interessantes Fenster zum Hinausschauen und Beobachten gibt. Stellt Ihr Labrador etwas Verbotenes an, bringen Sie ihn sofort (innerhalb von zwei Sekunden) nach einem (!) kurzen Befehl („Nein"; „Aus"; „Pfui" etc.) auf den vorher beschriebenen faden Platz; hier bleibt Ihr Vierbeiner die nächsten zwei bis fünf Minuten. Anschließend holen Sie ihn wieder, jedoch ohne ihn zu begrüßen und ein Wort zu sagen. Die Sache ist nun erledigt und Sie gehen wieder zur Tagesordnung über. Beginnt Ihr Hund erneut mit Unfug, ermahnen Sie ihn einmal (!) mit demselben Befehl von vorhin („Nein", „Pfui", „Aus"

Der Entzug von Zuwendung ist viel wirkungsvoller als Gewalt. Unerwünschtes Verhalten sollte von Ihnen ignoriert werden.

Motivieren statt Strafen

Macht Ihr Hund keine Anstalten, auf Befehl zu Ihnen zurück zu kommen, sind Sie sicherlich zu uninteressant für ihn. Versuchen Sie mit spannender Stimme, Zeigen eines Leckerlis, einer lustigen Spielaufforderung oder einem Sprint in die entgegengesetzte Richtung, die Aufmerksamkeit Ihres Labradors zu erlangen; erst dann wird er auf Ihr Kommando reagieren.

Kommt der Hund erst nach längerem Warten zu Ihnen zurück, dürfen Sie auf keinen Fall mit ihm schimpfen, denn dann verbindet er die Schelte mit seinem Zurückkommen. Er hat längst vergessen, dass er nicht auf den „Hier"-Befehl gehört hat.

etc.). Reicht dies noch nicht aus, um ihn von seinem Vorhaben abzubringen, muss er wieder in seine „Schämecke". Schon bald merkt Ihr Labi, dass sein Schabernack langfristig keinen Spaß macht. Bestimmte Angewohnheiten können Sie Ihrem Hund auch abgewöhnen, indem Sie ihm seine Macken einfach verleiden, oder seine Aufmerksamkeit auf etwas Erlaubtes umlenken (siehe Kapitel „Abgewöhnen von Jugendsünden").

Fazit Sparen Sie in der Hundeerziehung also nicht mit Lob und Belohnung; Strafen Sie dagegen nur wohldosiert und gut überlegt, denn das Vertrauen eines Vierbeiners ist durch unüberlegtes Handeln schneller zerstört, als es sich später wieder aufbauen lässt.

Beidseitiges Vertrauen ist wertvoll. Zerstören Sie dies nicht durch unüberlegtes Strafen.

Gewisse Pflegemaßnahmen sind bei Hunden unerlässlich. Gewöhnen Sie daher am besten schon Ihren Welpen an die wichtigsten Handgriffe. Gehen Sie grundsätzlich bei allen Pflegemaßnahmen sanft und behutsam vor.

Welche Pflegemaßnahmen sind nötig und wie gewöhnt man den Labrador daran?

Macht das Hundekind hier schlechte Erfahrungen oder dauert es ihm zu lang, wird es Körperpflege zukünftig als unangenehm empfinden und ihr lieber aus dem Weg gehen wollen. Pfotenabputzen und Stillhalten beim Bürsten müssen erst einmal gelernt werden. Führen Sie Ihren Welpen auch möglichst frühzeitig an die Augen-, Ohr-, Zahn- und Krallenkontrolle heran. Bleibt Ihr Hundekind bei der Pflege ruhig und gelassen, belohnen und loben Sie es ausgiebig. Wehrt sich dagegen Ihr junger Vierbeiner oder wird er albern, bringen Sie ihn mit einem bestimmten „Nein" zur Ruhe; hält er wieder still, loben und belohnen Sie ihn sofort.

„Was Hänschen nicht lernt, lernt Hans nimmermehr." Gewöhnen Sie also schon Ihren Kleinen an die wichtigsten Handgriffe.

Fellpflege

Wölfe haben ihre ganz eigene Art der Fellpflege: Sie nehmen Sand- und Schlammbäder, die gleichzeitig wie eine Massage wirken und die Talgdrüsen der Haut anregen. Die Haare

Einen Labrador einmal in der Woche mit einem Naturhaarstriegel oder einem Noppenhandschuh zu bürsten, reicht in der Regel aus.

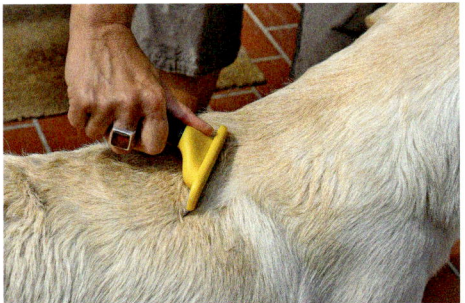

Gerade während des Fellwechsels im Frühjahr und Herbst tut Ihrem Labi eine solche intensive Fellpflege besonders gut.

werden durch Lecken gereinigt, wobei der Speichel dabei Keime abtötet. Unsere Hunde verhalten sich ganz ähnlich, allerdings entspricht diese Art der Fellpflege nicht unserem hygienischen Verständnis, sodass wir hier gerne nachhelfen. An das Bürsten gewöhnt sich der Labrador in der Regel schnell, denn bald merkt er, dass Fellpflege auch eine sehr angenehme Massage sein kann, die hervorragend die Durchblutung der Haut anregt.

Bürsten Sie immer mit dem Strich, also in Haarwuchsrichtung von vorne nach hinten und untersuchen Sie Ihren bellenden Freund nebenbei gleich auf einen eventuellen Parasitenbefall oder Hautverletzungen. In der Regel reicht es aus, einen Labrador einmal wöchentlich mit einem Naturhaarstriegel oder einem Noppenhandschuh zu bürsten. Unterstützen Sie den halbjährlichen Haarwechsel von innen mit einer über das Futter gestreuten Kräutermischung aus Löwenzahn, Birkenblättern, Brennnesseln und Ackerschachtelhalm. Spitzwegerich, Kerbel und Petersilie helfen aufgrund ihres hohen Vitamingehalts, das Immunsystem anzuregen. Entsprechende Fertigpräparate gibt es inzwischen im Fachhandel zu kaufen.

Weil zu häufiges Baden die Schmutz abweisende und wetterfeste Schutzschicht des Felles zerstört, sollten Sie Ihren Welpen nur im Notfall in die Wanne setzen. Anschließendes Föhnen ist zu vermeiden, denn das ungewohnte Geräusch, die Lautstärke und das warme Gebläse machen einem Hund leicht Angst. Rubbeln Sie den Kleinen nach dem Abspülen eines milden Hundeshampoos lieber gut mit einem Handtuch trocken und lassen Sie ihn an kalten Tagen wegen der Erkältungsgefahr nicht sofort ins Freie, sondern stellen Sie seinen Korb in die Nähe der wärmenden Heizung. In der Regel reicht das Ausbürsten oder Abrubbeln von Schmutz.

Pfoten

Nützen sich die Krallen Ihres Labis nicht auf natürliche Weise ab, müssen sie von Zeit zu Zeit geschnitten werden, damit sie nicht abbrechen. Führen Sie Ihren Welpen hier ganz langsam und in kleinen Schritten heran: nehmen Sie zunächst immer wieder abwechselnd eine seiner Pfoten auf und halten Sie diese kurz in der Hand; fasst der Hund Ihr Vorgehen als lustiges Spiel auf oder will er seine Pfote wegziehen, korrigieren Sie ihn mit einem energischen „Nein"; bleibt er ruhig, loben Sie ihn ausgiebig. Zum Krallenschneiden verwenden Sie eine spezielle Zange aus dem Fachhandel. Achten Sie darauf, dass Sie keine Blutgefäße verletzen. Am besten lassen

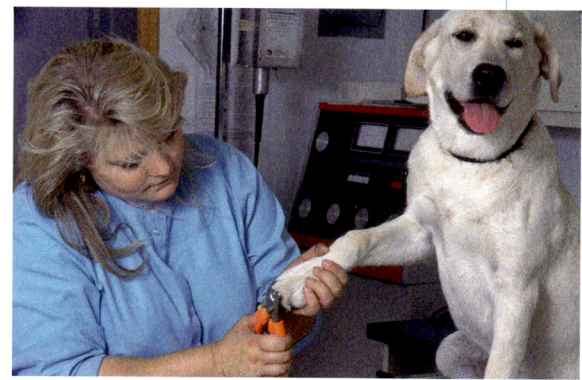

Sie sollten Ihrem Labi die Krallen ab und an schneiden lassen, wenn sich diese nicht auf natürliche Weise abnutzen.

Sie sich die richtige Technik erst einmal von Ihrem Tierarzt zeigen.

Das Pfotenabputzen üben Sie ebenfalls durch das abwechselnde Aufnehmen der Pfoten. Möchte Ihr Junghund während des Abputzens in das Handtuch beißen, reagieren Sie erneut mit einem „Nein". Verhält er sich dagegen brav, winkt am Ende wieder eine Belohnung. Im Winter empfiehlt sich zusätzlich eine regelmäßige Ballenkontrolle, denn durch das viele Streusalz wird die Pfotenunterseite leicht trocken oder rissig; Abhilfe schaffen Einreibungen mit Hirschtalg, Melkfett oder Vaseline.

Augen, Ohren, Zähne

Das Heranführen an die Augenpflege bedarf besonderer Behutsamkeit; streichen Sie Ihrem Welpen schon im Spiel oder während des Streichelns immer wieder kurz über die Augen. Sekret oder Verkrustungen in den Augenwinkeln entfernen Sie später mit einem weichen, feuchten, sauberen Tuch. Im Zoofachhandel bekommen Sie hierfür spezielle Pflegetücher. Auch die Ohren sollten Sie öfters kontrollieren. Als Vorübung zur Ohrenpflege heben Sie die Behänge immer wieder mal an und sehen in die Ohrmuschel hinein. Achten Sie darauf,

Hundezahnbürsten und -pasten sind im Zoofachhandel oder beim Tierarzt erhältlich.

Halten Sie das Hundeohr sauber, damit es nicht zu schmerzhaften Entzündungen durch Bakterien oder Pilze kommt.

Auch an die regelmäßige Zahnkontrolle muss der Hund von Klein auf gewöhnt werden.

dass sich weder Krusten oder Fremdkörper im Ohr befinden, noch Haare in den Gehörgang wachsen. Eventuell vorgefundene, unangenehme Parasiten müssen schnell behandelt werden. Halten Sie das Hundeohr sauber, damit es nicht zu schmerzhaften Entzündungen durch Bakterien oder Pilze kommt.

Verwenden Sie für die Säuberung des Gehörgangs jedoch keine Wattestäbchen, sondern nur spezielle Flüssigreiniger vom Tierarzt. Eine regelmäßige Zahnkontrolle führen Sie am besten von Klein auf bei Ihrem Labrador durch. Während des Zahnwechsels braucht der junge Vierbeiner genügend Kaumaterial. Harte Leckereien zwischendurch entfernen schädliche Beläge. Zur dauerhaften Gesunderhaltung von Zähnen und Zahnfleisch empfiehlt sich regelmäßiges Zähneputzen; hierfür gibt es im Zoofachhandel oder bei Ihrem Tierarzt Hundezahnbürsten und -pasten. Aber auch zahnpflegende Kaustripes haben sich bewährt. Allerdings sind diese in Hundekreisen wohl Geschmacksache und nicht bei jedem Vierbeiner beliebt.

Zahnwechsel bei Welpen

Der Zahnwechsel beginnt etwa im vierten Lebensmonat des Welpen. Geben Sie Ihrem Vierbeiner in dieser Zeit genügend Kaumaterial wie Büffelhautknochen und Spielzeug aus Hartgummi oder Hartholz. Gegen eventuell auftretende Schmerzen helfen, wie bei Babys, das zuckerfreie Dentinox-Gel aus Kamillenblüten oder das homöopathische Kombi-Präparat Osanit. Fällt ein Milchzahn nicht von selbst aus, obwohl schon der neue Zahn sichtbar ist, sollten Sie den alten vom Tierarzt ziehen lassen, damit es nicht zu Gebissfehlstellungen kommt.

Schmuddelwetter-Tipps

Das wichtigste Utensil an Schlechtwettertagen ist sicherlich ein Handtuch. Um Ihren Labrador schon vor dem Einsteigen ins Auto gründlich abrubbeln zu können, lagern Sie dort am besten ein Tuch griffbereit. Im Fahrzeug selbst hat es sich bewährt, den Hundeplatz mit einer waschbaren Decke oder einer Gummischmutzfangmatte auszustatten. Beide Teile sind leicht separat zu reinigen, ohne dass Sie gleich das ganze Auto einer Komplettreinigung unterziehen müssen. Ebenfalls möglich ist die Unterbringung des nassen Hundes in einer mit saugfähigen Tüchern ausgelegten Transportbox, denn auch diese ist einfach zu säubern und begrenzt den Schmutzeintrag auf eine kleine Fläche.

Deponieren Sie ein weiteres Handtuch vor der Haustür. Denn wenn Sie Ihren Labi bereits vor der Wohnung gründlich abputzen, bleibt der größte Dreck auf jeden Fall draußen.

Hat Ihr haariger Kumpel jederzeit freien Zugang nach draußen, empfiehlt sich ein feuchtes oder gut saugendes Tuch auf dem Boden des Verbindungsbereichs zwischen Haus und Garten. Läuft Ihr Hund nun in die Wohnung, tritt er sich schon ganz automatisch die Pfoten auf seinem „Eingangsteppich" ab.

Gerade in der Schmuddelwetterzeit ist es von großem Vorteil, wenn Ihr Vierbeiner auf Kommando seinen Platz aufsucht und dort so lange bleibt, bis Sie den Befehl wieder aufheben. Ist Ihr bellender Freund also noch nicht ganz trocken, können Sie ihn sofort nach der Rückkehr vom Spaziergang in sein Körbchen schicken, ehe er überhaupt die Gelegenheit hatte, den Dreck im ganzen Haus zu verteilen. Damit sich ein noch feuchter Vierbeiner schneller wieder aufwärmt, ist ein Hundeplatz an der Heizung empfehlenswert. Beachten Sie dagegen unbedingt: Zugluft ist für einen nassen Hund Gift.

Weitere Infos

Auch regelmäßige Impfungen gegen Staupe, Hepatitis, Leptospirose, Parvovirose und Tollwut sowie Entwurmungen gehören zu den obligatorischen Pflegemaßnahmen bei einem Hund. Um einen Parasitenbefall zu vermeiden, ist außerdem ein sauberer Schlafplatz wichtig: Verwenden Sie nur Decken, Kissen oder Polster, die maschinenwaschbar sind. Untersuchen Sie Ihren Labrador zudem von Frühjahr bis Herbst täglich auf Zecken, denn diese könnten Ihren Hund mit Borreliose infizieren. Spezielle Präparate schützen vor starkem Zeckenbefall. Lassen Sie sich bei der Wahl des richtigen Mittels von Ihrem Tierarzt beraten.

Säubern Sie Ihren Hund nach dem Gassigehen noch vor der Haustüre. So bleibt Ihnen der größte Schmutz in der Wohnung erspart.

Die wichtigsten Pflegeutensilien

✓ Striegel oder Noppenhandschuh
✓ Flüssiger Ohrreiniger vom Tierarzt
✓ Reinigungstücher für die Augen
✓ Hundezahnbürste und -pasta bzw. Kaustripes zur Zahnpflege
✓ Krallenschere
✓ Vaseline, Hirschtalg oder Melkfett zur Ballenpflege
✓ Zeckenzange

Schicken Sie Ihren Labi ohne Umwege ins Körbchen, wenn er nach der Rückkehr vom Spaziergang noch nicht ganz trocken ist. Dann hat er keine Gelegenheit, den Schmutz in der ganzen Wohnung zu verteilen.

Besonders intelligente Vertreter lernen mit Geduld und Geschick des Hundehalters, sich bereits vor dem Haus auf Befehl zu schütteln oder auf dem Fußabstreifer die Pfoten abzuputzen. Gewöhnen Sie Ihrem Vierbeiner außerdem von vornherein ab, Sie oder andere Menschen anzuspringen, denn ist Ihr Labrador einmal nass, werden Besucher mit hellen Hosen nicht wirklich von einer stürmischen Begrüßung begeistert sein.

Für Sie als begleitender Zweibeiner ist ein extra Schlechtwetter-Dress ratsam, das heißt: Tragen Sie lieber ältere, zweckdienliche Kleidung. Auch eine Regenhose ist praktisch und schützt Ihre Hose vor Nässe und Schmutz. Gummistiefel dürfen in keinem Hundehaushalt fehlen, so bleiben gute Halbschuhe an Schlechtwettertagen trocken.

Wellness für den Labrador

Wellness macht nicht nur uns Menschen Spaß. Mit entsprechenden Maßnahmen können Sie auch Ihrem Labrador Retriever etwas Gutes tun. Sichtlich wird er es genießen, sich einmal so richtig von Ihnen verwöhnen zu lassen.

Bachblüten und Homöopathie

Bestimmte Bachblüten und homöopathische Mittel verhelfen Ihrem Hund zu neuen Kräften. So wirken beispielsweise die Blüten Centaury, Chicory, Clematis und Crap Apple entschlackend und reinigend. Crap Apple hat außerdem eine ausgleichende Wirkung auf den Stoffwechsel und das Immunsystem. Centaury erfrischt und vitalisiert. Olive stellt das innere Gleichgewicht bei Erschöpfung wieder her, Agrimony stärkt und schützt vor Überbelastung. Die Abwehrkräfte Ihres Labis werden mit Echinacea-Globuli gestärkt. China und Ignatia haben sich bei Erschöpfungszuständen und Stress bewährt. Gegen Muskelkater und Überanstrengung eignen sich Arnica und Traumeel. Bei Verspannungen kann Magnesium phosphoricum helfen.

Inzwischen gibt es schon fertige Bachblütenmischungen oder homöopathische Präparate im Zoofachhandel zu kaufen. Möchten Sie jedoch tiefer in die Materie einsteigen, lassen Sie sich von einem erfahrenen Therapeuten beraten.

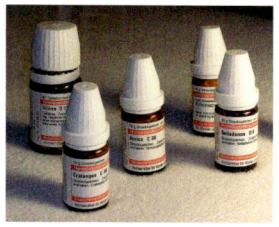

Homöopathische Heilmittel finden auch im Wellness-bereich Anwen-dung.

Mit Massage, Akupressur und TTouch® entspannen

Eine wohltuende Massage darf in keinem Verwöhnprogramm fehlen. Sie erfolgt am besten in Bauch- oder Seitenlage des Hundes. Dabei können Sie in einfachen, geraden Linien streicheln oder in Wellen; auch ein Kreisen Ihrer Hand wirkt entspannend. Führen Sie anschließend mit der flachen Hand leichte, kreisförmige Bewegungen aus. Variieren Sie zusätzlich den Druck; massieren Sie jedoch nicht zu kräftig, Ihr Hund soll sich schließlich wohlfühlen und keine Schmerzen haben. Bearbeiten Sie besonders belastete Partien wie die Beinmuskulatur extra mit den Fingerkuppen. Lockernd wirkt leichtes Kneten und Rollen von Haut und Muskeln. Streichen Sie am Ende einer Massage immer den ganzen Körper des Hundes noch einmal sanft aus. Eine Massage sollte nicht länger als 15 bis 20 Minuten dauern. Gewöhnen Sie Ihren Labrador erst langsam an diese Zeitspanne. Massieren Sie nie, wenn Ihr Vierbeiner eine Infektion hat oder gerade gefressen hat.

Die Akupressur ist eine Abwandlung der Akupunktur. Hier wird ohne Nadeln, nur mit der Berührung und dem Druck der Finger gearbeitet. Dies hat neben dem körperlichen Aspekt auch eine sehr positive, entspannende Wirkung auf die Psyche des Hundes.

Die TTouch®-Methode hingegen besteht aus unterschiedlichen Bewegungen und Handpositionen, die im Uhrzeigersinn auf der Haut des Hundes in verschiedenen Druckstärken ausgeführt werden. Vor allem bei seelischen Störungen sowie zur allgemeinen Beruhigung, zum Stressabbau und Wiederherstellung des Vertrauens hat sich der TTouch® bewährt. Auch zur Schmerzlinderung wird diese Methode erfolgreich eingesetzt. Etliche Hundeschulen bieten inzwischen TTouch®-Seminare an.

Aroma-, Farb- und Musiktherapie für neues Wohlbefinden

Die Aromatherapie fördert die seelische Ausgeglichenheit, aktiviert den Kreislauf und stärkt die Abwehrkräfte. Sie erfrischt und verhilft zu neuer Energie. Die ätherischen Öle werden dabei entweder in einer Duftlampe, einem Kräutersäckchen, einem speziellen Hundehalstuch oder direkt auf dem Liegeplatz Ihres Hundes angewendet, allerdings wohl dosiert und nur, wenn es Ihrem Vierbeiner auch wirklich behagt. Eine Duftlampe sollte mindestens eine Stunde brennen. Da ein Hund sehr emp-

Das ist die pure Freude am Leben!

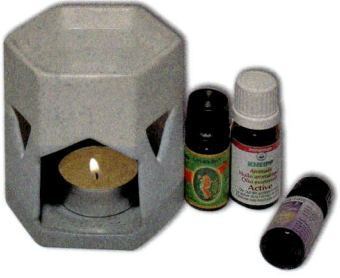

Mit der Aromatherapie können Sie die seelische Ausgeglichenheit fördern und die Abwehrkräfte stärken.

findliche Schleimhäute hat, dürfen Sie die Öle nie direkt auf ihn träufeln. Stärkend, aufbauend und reinigend für den gesamten Organismus wirken Lavendel, Orange, Zitrone, Geranium, Grapefruit und Muskatellersalbei. Mandarine und Melisse beruhigen und entspannen. Mimose baut zusätzlich seelisch auf. Zimt und Vanille wird eine ausgleichende, beruhigende und entspannende Wirkung nachgesagt. Neroli-Öl harmonisiert.

Hunde wie auch Menschen sprechen sehr gut auf farbiges Licht an. Rot hat sich besonders bei Erschöpfungszuständen und Appetitlosigkeit bewährt. Orange kommt hingegen bei Immunschwäche zum Einsatz. Gelb hilft bei schwachen Nerven und Schockzuständen. Grün wirkt ausgleichend und Blau beruhigend. Violett wird bei Nervosität, Ängstlichkeit, Hysterie und zur Verarbeitung von Traumata eingesetzt.

Auch Musik entspannt Ihren Labrador. Untersuchungen haben ergeben, dass gerade langsame Barockmusik eine sehr beruhigende Wirkung auf Vierbeiner hat. Genauso gut geeignet ist Herrchens oder Frauchens Meditations-CD. Wer musikalisch jedoch auf Nummer Sicher gehen will, kann inzwischen im Fachhandel spezielle Musik für Hunde erwerben.

Wellness vom Profi

Inzwischen bieten viele Hundephysiotherapeuten auch Wohlfühlbehandlungen für Hunde an. Dabei werden häufig verschiedene Techniken miteinander kombiniert. So erhält die Massage Ihres Vierbeiners gleichzeitig eine Untermalung mit angenehmen Düften und entspannender Musik. Beruhigendes Licht darf dabei selbstverständlich ebenfalls nicht fehlen. Neben der herkömmlichen Massage gehören häufig auch Fuß- oder Ohrreflexzonenmassagen zum Behandlungsspektrum. Einige Therapeuten verfügen sogar über eigene Hundeschwimmbäder. Manche Praxen bieten Kurse in Massage, Akupressur und TTouch® für den Eigengebrauch an. Außerdem finden Sie im Fachhandel interessante Bücher zum Thema. Wer die Kosten nicht scheut, kann sich auch zusammen mit seinem Hund in speziellen Wellness-Hotels verwöhnen lassen.

Es ist auch möglich, gemeinsam mit seinem Hund einen Wellness-Urlaub in speziellen Hotels zu buchen.

Barock- und Meditationsmusik haben eine sehr beruhigende Wirkung auf Hunde.

Ernährung

Da Schönheit bekanntlich von innen kommt, ist eine ausgewogene Ernährung besonders wichtig, um die elegante Erscheinung des Labradors zu unterstreichen.

Zum Wohlfühlprogramm Ihres Labis und seiner Gesunderhaltung gehört auch eine ausgewogene Ernährung. Füttern Sie nur hochwertiges Futter, das dem Alter, Gesundheitszustand und der Auslastung Ihres Vierbeiners angepasst ist. So benötigen arbeitende Gebrauchshunde beispielsweise energiereicheres Futter als normal beanspruchte Familienhunde. Auch Welpen brauchen eine andere Ernährung als erwachsene Hunde, schließlich sind sie noch in der Entwicklung. Der Fachhandel hält inzwischen für alle Altersklassen und Bedürfnisse spezielles Hundefutter parat. Mit einem qualitativ hochwertigen Fertigfutter

Eine artgerechte Ernährung ist schon im Welpenalter sehr wichtig. Sie legt den Grundstein für ein langes, gesundes Hundeleben.

gehen Sie also in jedem Fall auf Nummer sicher: Ihr Labrador wird optimal mit allen wichtigen Nährstoffen versorgt. Trotzdem kommt es immer wieder vor, dass ein Hund das handelsübliche Futter nicht verträgt. In diesem Fall müssen Sie selbst zum Kochlöffel greifen. Dies ist nicht ganz einfach, denn die richtige Zusammensetzung einer ausgewo-

Warnung vor Schokolade

Schokolade enthält Theobromin, das für Hund und Katze lebensgefährlich sein kann. Ein paar Riegel dunkle Schokolade können einen kleineren Hund töten.

genen Ernährung ist fast schon eine Wissenschaft für sich.

Auch das „Barfen" (= biologisch artgerechte Rohfütterung) ist möglich; aber hier ist eine umfassende Information vorab durch einen Tierarzt oder entsprechende Fachliteratur sehr wichtig.

Im Folgenden finden Sie jedoch einige Tipps für eine abwechslungsreiche und gesunde Hundemahlzeit.

Fleisch und Ballaststoffe in Form von Reis oder Hundeflocken bilden die Basis einer ausgewogenen Hundeernährung. Achten Sie zusätzlich auf eine ausreichende Vitamin- und Mineralstoffversorgung. Diese geschieht am besten in Form von natürlichen Zusätzen wie frischem, unbehandelten Obst, Gemüse, Kräutern, Hüttenkäse oder Naturjoghurt. Bei Obst eignen sich Äpfel sehr gut. Sie sind reich an Vitaminen und Mineralien und wirken durch die enthaltenen Pektine entgiftend. Gemüse ist nicht nur gesund, es fördert mit seinen Ballaststoffen auch die Verdauung. Außerdem beeinflusst es positiv den Säure-Base-Haushalt des Hundes. Ideal sind Möhren; sie enthalten viel Karotin, die Vorstufe von Vitamin A, außerdem Mineralstoffe und Spurenelemente. Geben Sie zusätzlich immer etwas Öl; dies hilft bei der Verwertung des fettlöslichen Vitamin A. Gekochter Broccoli ist ebenfalls sehr gesund; er wirkt krebsvorbeugend und entgiftend. Spinat, Erbsen, grüne Bohnen und Tomaten runden einen ausgewogenen Speiseplan ab. Kräuter wie Brennnesseln, Basilikum, Petersilie, Löwenzahn und Dill sind nicht nur reich an wichtigen Vitaminen, Mineralien und Spurenelementen, sie haben auch eine heilende Wirkung bei verschiedenen Krankheiten (Beispiele siehe in Kapitel „Gesundheit", „Vorsorge"). In Zeiten extremer Anforderung oder erhöhter Krankheitsanfälligkeit ist eventuell ein zusätzliches Vitaminpräparat nötig. Halten Sie sich hier allerdings genau an die vom Tierarzt oder in der Packungsbeilage angegebene Dosierung, denn selbst Vitamine können überdosiert schaden.

Schönheit kommt von innen

Der Speiseplan Ihres Hundes ist auch für ein glänzendes Fell und eine gesunde Haut verantwortlich, schließlich kommt Schönheit bekanntlich von Innen. Eine große Rolle spielen dabei die Vitamine A und E sowie Zink, außerdem essentielle Fettsäuren wie Omega-3 und Omega-6. Um einen Mangel vorzubeugen, der sich in stumpfem Fell, Schuppen, Haarausfall, Juckreiz, fettiger Haut und Infektanfälligkeit äußert, geben Sie ab und zu einen Löffel Maiskeim-, Sonnenblumen-, Distel- oder Pflanzenöl über das Futter. Hochwertiges Eiweiß ist ebenfalls unverzichtbar, allerdings reagieren manche Hunde allergisch auf rohes Eiweiß. Auch

Tipp!
Im Buch- und Zoofachhandel gibt es für alle Hundefutter-Hobbyköche eine breite Palette an Ratgebern zum Thema „Hundeernährung". Falls Sie für Ihren Labrador kochen, ist ein umfassendes Informieren unerlässlich, damit Ihr Vierbeiner durch einen ausgewogenen Speiseplan wirklich optimal mit allen wichtigen Nährstoffen versorgt wird und es nicht zu Mangelerscheinungen kommt.

Regelmäßige Rippenkontrolle
Überprüfen Sie regelmäßig, ob Ihr Hund nicht zu dick wird. Steht Ihr Labi vor Ihnen, müssen seine Rippen rechts und links zu spüren sein.

Belohnen Sie Ihren Labi doch mal mit vitaminreichen, figurfreundlichen Leckereien wie Apfelstückchen.

EXTRA
Elf goldene Futterregeln

Die Menge macht's

Ein Hund weiß nicht von selbst, wie viel Futter er braucht. Bieten Sie Ihrem Labrador daher auf keinen Fall unbegrenzt Futter an. Bei Fertignahrung finden Sie grobe Richtwerte zu den Mengenangaben auf der Futterpackung. Überprüfen Sie aber immer auch an Ihrem Hund, ob diese Menge wirklich angemessen ist, denn häufig wird zu viel Futter gegeben. Kochen Sie selbst, fragen Sie Ihren Tierarzt nach der angemessenen Portionsgröße für Ihren Hund. Heikle Tiere werden zum besseren Fressen animiert, wenn ihnen das Futter nur eine begrenzte Zeit (ca. 10-15 Min.) zur Verfügung steht.

Feste Zeiten einhalten

Um den Stoffwechsel des Hundes nicht unnötig durcheinanderzubringen, sind feste Fütterungszeiten wichtig. Füttern Sie daher also nicht wahllos, wenn Sie gerade Zeit haben. Ein ausgewachsener Labi sollte ein- besser noch zweimal täglich seine Mahlzeit bekommen.

Vorsicht mit Kaltem

Gerade im Sommer ist es wichtig, frisches Hundefutter im Kühlschrank aufzubewahren, damit es nicht verdirbt. Verfüttern Sie es allerdings nur zimmerwarm. Zu kaltes Futter kann Verdauungsprobleme hervorrufen; außerdem entfaltet Frisch- und Nassfutter seinen vollen Geschmack erst bei Zimmertemperatur. Muss es doch einmal schnell gehen, erwärmen Sie das Fressen kurz im Kochtopf, Wasserbad oder in der Mikrowelle.

Abwechslung ist Trumpf

Auch unsere Hunde sind Feinschmecker und lieben Abwechslung; die große Auswahl an Fertigfutter macht es Ihnen hier leicht. Bereichern Sie den Speiseplan zusätzlich hin und wieder mit Äpfeln, Karotten, Quark, Hüttenkäse, Nudeln, Reis oder Kräutern. Beachten Sie bei der Fütterung auch das Alter, den Gesundheitszustand und die Auslastung Ihres Labradors. Inzwischen gibt es für alle Ansprüche speziell zusammengesetzte Nahrung.

 Langsame Futterumstellung

Führen Sie Futterumstellungen nur langsam und schrittweise durch, damit sich der Verdauungstrakt Ihres Hundes an die neue Nahrung gewöhnen kann.

Es muss nicht immer Fleisch sein

Wölfe nehmen mit dem Darminhalt ihrer Beutetiere immer auch wichtige pflanzliche Nahrung auf. Daher ist es falsch, anzunehmen, Hunde seien reine Fleischfresser. Für eine ausgewogene Ernährung benötigen sie einen gewissen Anteil an pflanzlicher Nahrung; in Fertigfutter wurde dies bereits bei der Zusammensetzung berücksichtigt. Kochen Sie selbst, mischen Sie das Fleisch am besten mit Nudeln, Reis, Gemüse oder speziellen Hundeflocken.

Betteln ist tabu

Fallen Sie nicht auf den treuen Blick Ihres Vierbeiners rein, Sie tun ihm damit nichts Gutes. Erstens erziehen Sie ihn so erst zum Betteln und zweitens bekommt Ihr Hund auf diese Weise auch schnell mal etwas Süßes, das sehr schädlich für ihn ist. Belohnen Sie ihn nur mit speziellen Hundeleckerlis.

Keine Reste vom Tisch

Füttern Sie Ihren Labi nie mit Resten Ihrer eigenen Mahlzeit. Ihr Hund darf hier auf keinen Fall vermenschlicht werden, denn er hat ganz andere Ernährungsansprüche als Sie; unsere stark gewürzten Speisen führen bei Vierbeinern schnell zu schweren Gesundheitsstörungen. Füttern Sie nur spezielles und ausgewogenes Hundefutter.

Finger weg von Milch

Natürlich ist Milch auch bei Hunden beliebt. Viele Tiere bekommen davon jedoch Verdauungsstörungen. Daher gilt: Keine Milch, sondern täglich frisches Wasser als Getränk anbieten.

Kein rohes Schweinefleisch

Füttern Sie kein rohes Schweinefleisch, denn dadurch kann sich Ihr Hund mit der lebensbedrohlichen Aujeszkyschen Krankheit infizieren. Die Symptome sind ähnlich wie bei der Tollwut, daher wird die Krankheit auch „Pseudowut" genannt. Schweinefleisch darf nur gut durchgekocht verfüttert werden; rohes Rindfleisch ist dagegen unbedenklich.

Nach dem Essen sollst du ruhen

Füttern Sie Ihren Labi immer erst nach einem Spaziergang. Rennen und Toben mit vollem Magen ist tabu: schnell kommt es zu Verdauungsstörungen bis hin zur lebensgefährlichen Magendrehung.

Selbst gebackene Hundeleckerli

Fischstäbchen

Sie brauchen dafür folgende Zutaten:

1 Dose Thunfisch (im eigenen Saft)
6 EL Haferflocken
2 Eier
2 EL Semmelbrösel
2 EL gehackte
Petersilie

Gießen Sie den
Saft des Thunfisches
ab. Vermischen Sie dann alle Zutaten zu
einem homogenen Teig. Formen Sie nun
kleine „Stäbchen" und legen Sie diese auf
ein mit Backpapier ausgelegtes Backblech.
Die Fischstäbchen werden im vorgeheizten
Backofen bei
175 °C (mittlere Schiene) ca. 30 Minuten
gebacken. Anschließend im Ofen abkühlen
lassen. Die Fischstäbchen halten, in einer
Frischhaltedose im Kühlschrank aufbewahrt, ca. 2–3 Wochen.
Geben Sie Ihrem Labrador täglich nicht
mehr als drei bis vier dieser Leckerlis, denn
sie sind sehr gehaltvoll.

Wussten Sie schon, dass …

… Hundekuchen zum ersten Mal um 1860
von J.Spratt als Spezialnahrungsmittel für
Hunde in England angeboten wurde? Sein
Gehilfe war Charles Cruft, nach dem 1886
die jährlich stattfindende größte Hundeaus-
stellung der Welt benannt wurde.

Hefe und Biotin verhelfen zu einer gesunden
Haut und glänzendem Fell. Ab und zu ein
rohes, frisches Eigelb ist ebenfalls gut für
Haut und Haare, denn es enthält viele Spurenelemente und Vitamine. Die zerriebene
Eierschale versorgt Ihren Vierbeiner dagegen
mit natürlichem Calcium.

Hat Ihr Labi ein wenig zugelegt, bauen Sie
überschüssige Pfunde lieber mit einem ausgewogenen, aber kalorienarmen Diätfutter als
mit einer Kürzung der normalen Futtermenge
ab.

Achten Sie stets auf saubere Hundenäpfe und
täglich frisches Wasser.

Ob es hier außer den Knochen noch etwas
Fressbares zu finden gibt?

Ausstellungen

Für alle Rassehundefreunde und die, die es noch werden möchten, sind Hundeausstellungen eine interessante Veranstaltung. Hier sind Informationen aus erster Hand zu bekommen.

Hundeausstellungen sind eine interessante Plattform für alle Rassehundefreunde. Bereits vor dem Kauf eines Vierbeiners können Sie sich hier genau über eine bestimmte Rasse informieren, denn Sie sehen nicht nur etliche Vertreter live, sondern haben auch die Möglichkeit, mit Haltern und Zuchtvereinen in Kontakt zu treten und auf diese Weise Erfahrungsberichte aus erster Hand zu bekommen. Bei den Ausstellungen selbst geht es um die genaue Überprüfung und Bewertung der Hunde hinsichtlich des vorgeschriebenen Rassestandards und der durch den betreuenden Verein festgelegten Zuchtkriterien. Für einige Hundehalter ist die Teilnahme an einer Ausstellung nur Spaß. Sie möchten solch eine Veranstaltung einfach einmal mitmachen, um rein interessehalber zu hören, wie Ihr Vierbeiner von einem professionellen Richter beurteilt wird. Vielleicht wurden sie sogar vom Züchter Ihres Hundes dazu überredet, schließlich ist es für den Züchter selbst wichtig und interessant zu sehen, wo sein Nachwuchs und somit auch seine Zuchtlinie steht. Ein Großteil der Aussteller ist bereits in das Zuchtgeschehen involviert, denn die erfolg-

reiche Teilnahme an Ausstellungen ist Voraussetzung für eine Zuchtzulassung: Es sind langjährige und zukünftige Züchter, aber auch Deckrüdenbesitzer, die ihre Vierbeiner über die Teilnahme an Ausstellungen bekannter machen möchten.

Die Atmosphäre auf einer Hundeausstellung ist eine ganz Besondere. Das Sehen und Gesehenwerden steht in jedem Fall im Vordergrund. Die Einteilung der Hunde erfolgt in verschiedene Klassen, getrennt nach Geschlechtern. Bei der abschließenden Bewertung werden bestimmte Formwertnoten vergeben (siehe Kasten Seite 80).

Dabeisein ist alles

Wollen Sie auch einmal mit Ihrem Labi im Ring stehen, sei es aus reinem Vergnügen oder weil sie mit ihm züchten möchten, ist ein gutes Sozialverhalten Ihres Hundes natürlich Pflicht, schließlich wird er zunächst in einer Gruppe mit anderen Labradors vorgeführt. Außerdem ist eine ordentliche Leinenführigkeit schon die halbe Miete einer gelungenen Präsentation. Bei der anschließenden

So funktioniert's

Rassen- und Klasseneinteilung

Der Labrador wurde von der FCI (Féderation Cynologique Internationale) in die Gruppe 8 „Apportierhunde, Stöberhunde, Wasserhunde"eingeteilt. Als Startklassen gibt es:

– Jüngstenklasse (6–9 Monate)
– Jugendklasse (9–18 Monate)
– Zwischenklasse (15–24 Monate)
– Offene Klasse (ab 15 Monate)
– Veteranenklasse (ab 8 Jahre)
– Gebrauchshundklasse (ab 15 Monate mit Arbeitsprüfung)
– Championklasse (ab 15 Monate für Champions und Gewinner bestimmter Titel)
– Ehrenklasse (startberechtigt nur mit dem FCI-Titel „Internationaler Schönheitschampion")

Formwertnoten

– Vorzüglich (V)
– Sehr gut (SG)
– Gut (G)
– Genügend (Ggd)
– Disqualifiziert (Disq)

Die vier besten Hunde einer Klasse werden platziert, sofern sie mindestens die Formwertnote „Sehr gut" erhalten haben.

Beurteilungen in der Jüngstenklasse

vielversprechend (vv)
versprechend (v)
wenig versprechend (wv)

Weitere Wettbewerbe

Zuchtgruppe *Sie besteht aus mindestens drei Hunden einer Rasse aus demselben Zwinger; die Hunde müssen am Tag der Ausstellung in der Einzelbewertung mindestens den Formwert „Gut" bekommen haben.*

Schon die Jüngsten dürfen an einer Ausstellung teilnehmen.

Paarklasse *Sie besteht aus jeweils einem Rüden und einer Hündin, die Eigentum eines Ausstellers sein müssen.*

Juniorhandling *Dies ist ein Vorführwettbewerb für Jugendliche, der als Vorbereitung gedacht ist, Hunde auch später im Ausstellungsring zu präsentieren.*

Veteranen-Wettbewerb *Hier können Hunde ab dem 8. Lebensjahr starten; es wird nach den Vorgaben des Standards besonders die Gesamtkonstitution, der Pflegezustand des Vierbeiners sowie die im Ring gezeigte Kondition beurteilt.*

Die Reaktion der Hunde auf das Ausstellungstreiben selbst ist unterschiedlich. Etliche Vierbeiner würden die Stunden sicherlich lieber tobend im Freien verbringen.

Einzelbewertung erfolgt die genaue Begutachtung Ihres Hundes durch den Richter: dieser prüft neben dem Gangwerk das Stockmaß, die genauen Proportionen, Besonderheiten des Standards und die Zähne. Dieses Beurteilungsritual sollten Sie schon vorab üben, damit sich Ihr Labi auch von fremden Menschen ins Maul sehen und natürlich überhaupt berühren lässt. Der Umgang und das korrekte Vorführen des Hundes fließen in die Bewertung mit ein; so erkennen die Richter genau, wer mit seinem Vierbeiner das optimale Präsentieren trainiert hat. Nicht selten wird ein Ausstellungsneuling darauf hingewiesen, dass seine Führfehler der Grund für eine schlechtere Bewertung des Hundes sind, im Vierbeiner jedoch mehr Potenzial steckt. Eine gute und umfassende Vorbereitung für eine Zuchtschau bekommen Sie durch ein

Üben Sie das korrekte Vorführen schon vor einer Ausstellung. Die Richter erkennen auf den ersten Blick, wer mit seinem vierbeinigen Ausstellungspartner das optimale Präsentieren trainiert hat.

Gelassene, nervenstarke Hunde, die nichts so schnell aus der Ruhe bringt, tun sich auf Ausstellungen leichter. Sie lassen sich durch die Menschen- und Hundeansammlungen nicht stressen.

Bitte beachten Sie ...

Kranke Vierbeiner sind von Zuchtschauen ausgeschlossen. Vor der Ausstellung müssen Sie die FCI-Ahnentafel und den Impfpass mit einer gültigen Tollwutimpfung Ihres Labis vorlegen.

professionelles Ringtraining, das von manchen Hundevereinen oder auch Züchtern angeboten wird.

Für die Teilnahme an einer Zuchtschau sollten Sie sich aber nicht nur im Vorfeld Zeit nehmen, auch die Ausstellung selbst dauert meist einen ganzen Tag, wobei Sie die meiste Zeit sicherlich mit Warten verbringen. Wie die Hunde selbst das Ausstellungsgeschehen aufnehmen, ist unterschiedlich. Einige Vertreter scheinen sichtlich Spaß am Präsentieren und Posieren zu haben. Bei anderen Gespannen ist der Spaß am Gesehenwerden eher auf den Zweibeiner begrenzt, der Vierbeiner hingegen würde den Tag sicherlich lieber tobend im Freien verbringen. Eine gewisse Nervenstärke muss ein Labrador für eine Ausstellung in jedem Fall mitbringen, damit ihn die Menschen- und Hundeansammlung auf engstem Raum nicht unnötig stresst.

Begleiter in Freizeit und Alltag

Der Labrador Retriever ist ein Hund mit ausgeprägter Wasserfreude, der sich darum hervorragend zur Jagd auf Wasservögel einsetzen lässt.

Der Labrador prägt sich Wildfallstellen genau ein und apportiert unmittelbar erlegtes Wild auch aus dem Wasser.

Für ein soziales Tier wie einen Hund ist Dabeisein alles. Daher gibt es für ihn nichts Schöneres, als seine Leute so oft wie möglich zu begleiten. Mit einem wohlerzogenen Labrador können Sie sich eigentlich überall

sehen lassen; ein gewisser Grundgehorsam, und eine gute Sozialisation des Vierbeiners sind also schon die halbe Miete für entspannte Freizeitaktivitäten und einen abwechslungsreichen Alltag zu zweit.

Der Labrador als Jagdbegleiter

Vielseitiger Allrounder im Revier

Ursprünglich wurde der Labrador Retriever als Jagdgebrauchshund gezüchtet. Noch heute wird er vielerorts jagdlich geführt. Vor allem in Großbritannien und in den USA sind die Vierbeiner bevorzugte Jagdgebleiter.
Aufgrund ihrer ausgeprägten Wasserfreude und ihres starken Apportiertriebs setzte man Labradors zunächst nur bei der Jagd auf Wasservögel ein. Inzwischen haben sich die intelli-

genten Arbeitstiere auch bei der Niederwildjagd in unterschiedlichstem Gelände einen
Namen gemacht. Ihr „weiches Maul", also die
Fähigkeit, das Wild so sanft aufzunehmen,
dass es unversehrt bleibt, kam ihnen hierbei
genauso zugute wie ihr ausgezeichneter Spür-
sinn, ihre große Ausdauer, Schnelligkeit, Ge-
wandtheit und ihre Begeisterung, für ihren
Herrn zu arbeiten („will to please"). Das aus-
geglichene Wesen, der gute Gehorsam, die
absolute Standruhe („steadiness") sowie die
Fähigkeit des genauen Beobachtens und Ein-
prägens der Wildfallstellen („marking") runden
das Bild dieses perfekten Jagdbegleiters ab.
Neben dem „marking" ist das „blind retrieve"
(= Einweisen) eine weitere retrievertypische
Arbeitsweise im Jagdgebrauch. Hierbei wird
der Hund durch Handzeichen des Jägers,
möglichst auf direktem Weg, zu, für ihn nicht
sichtig, gefallenen Stücken geschickt. Unmittelbar erlegtes Wild kann der Labi sofort apportieren, während er krank geschossene Tiere
erst anhand ihrer Fährte finden muss.
Der Labrador kommt sowohl vor als auch nach
dem Schuss zum Einsatz. So eignet er sich
sehr gut zu Buschieren (= Wildsuche in meist
unübersichtlichem Gelände direkt vor der
Flinte des Jägers) oder zum Stöbern in weiterer
Entfernung vom Hundeführer. Ebenso zuver-

*Der Labi ist ein vielseitiger Allrounder, der den
Jäger bei der Arbeit in Wald und Feld unterstützt.*

lässig arbeitet er auf der Fährte angeschos-
senen Niederwildes oder auf der Schwimm-
spur von Wasservögeln. Wegen seines ruhigen, konzentrierten Arbeitsstils wird der
Labi auch häufiger zur Nachsuche von Scha-
lenwild eingesetzt. Manche Hunde ziehen
sogar krankes Wild nieder. Allerdings ist der
Labrador so gut wie nie spurlaut; das Verweisen kann man ihm jedoch sehr gut beibringen.
Für Totsuchen sind Labis in jedem Fall geeignet. Interessierte Jäger sollten außerdem wissen, dass nicht jeder Rassevertreter Raubwild-
schärfe besitzt. Alles in allem ist der intelligente Vierbeiner ein vielseitiger Allrounder,
der nicht nur einen Hobbywaidmann, sondern
auch den Berufsjäger passioniert bei der Arbeit
in Wald und Feld unterstützt.

Die Ausbildung zum Jagdhunde-
begleiter

Die jagdliche Ausbildung muss von Anfang
an einfühlsam, partnerschaftlich und fair erfolgen. Härte und Zwang sind fehl am Platz;

Wussten Sie schon ....

*... dass ein Hund 220 Millionen Geruchszel-
len in seiner Nase hat und der Mensch nur
rund fünf Millionen? Damit ist der Hund
sogar in der Lage, festzustellen, ob Zwillinge
ein- oder zweieiig sind. Außerdem kann ein
Wolf mit dem Wind den Geruch eines Wildes
noch in einer Entfernung von drei Kilometern
aufnehmen. Dieser hervorragende Geruchsinn
kommt auch dem Labrador beim Stöbern oder
einer Nachsuche im Revier zugute.*

Rassezuchtvereine bieten diverse jagdpraktische Übungslehrgänge an, damit die Jagdeigenschaften des Labradors nicht in Vergessenheit geraten.

Field-Trials und Workingtests

In den sogenannten „Field-Trials" wird unter authentischen Jagdbedingungen mit frisch geschossenem („warmem") Wild der Ablauf einer Treibjagd nachgestellt, bei der die Arbeit jedes einzelnen Hundes wettbewerbsmäßig bewertet wird. Bei einem „Gundog Working Test" hingegen sind die Jagdverhältnisse simuliert: die Leistung der

Hunde wird anhand von „kaltem" Wild oder mit Hilfe von Dummies überprüft.

Damit der vierbeinige Jagdbegleiter auch während der jagdfreien Zeit nicht aus der Übung kommt, bietet sich die Arbeit mit Dummys an.

sie führen nur zum Vertrauensbruch mit dem Führer und zur gänzlichen Arbeitsverweigerung. Intensiver Familienanschluss ist für die positive Entwicklung des Hundes unerlässlich. Eine Zwingerhaltung ist auch für den Jagdgebrauchshund absolut tabu. Damit die Jagdeigenschaften des Labradors nicht in Vergessenheit geraten, bieten die Rassezuchtvereine diverse jagdpraktische Übungslehrgänge an. Zudem werden Prüfungen abgehalten. Grundvoraussetzung für die Teilnahme an jagdlichen Prüfungen ist ein gültiger Jagdschein oder der Nachweis über die laufende Ausbildung zum Jäger. Manche vereinsinterne Seminare stehen auch Nichtjägern offen.

Für die Ausbildung junger Hunde und für die Erhaltung des Leistungsstandards erwachsener Vierbeiner während der jagdfreien Zeit, eignet sich sehr gut die Arbeit mit Dummys (= spezielle längliche Apportiersäckchen aus verschiedenen Materialien). Die Rassezuchtvereine bieten hierfür extra Dummy-Kurse an.

Hundesport

Damit Ihr Labrador seine positiven Eigenschaften voll und ganz entfalten kann, ist eine angemessene Auslastung sehr wichtig. Eine weitere Möglichkeit den intelligenten Vierbeiner neben der Jagd zu fordern, ist Hundesport. Hier gibt es inzwischen ganz unterschiedliche Sportarten, die auf vielen Hundeplätzen angeboten werden. Auch im Wettkampfsport soll für alle Beteiligten stets der Spaß im Vordergrund stehen. Die intensive Beschäftigung miteinander schweißen Herr und Hund schnell zu einem unzertrennlichen Dream-Team zusammen. Im Folgenden stellen wir Ihnen einige Sportarten vor, die gut für einen Labrador geeignet sind.

Eine angemessene Auslastung und sinnvolle Beschäftigung ist für Ihren Labi sehr wichtig, beispielsweise in Form von Hundesport.

Agility

Agility ist mehr als nur ein schneller Sport. Es festigt und vertieft die Beziehung zwischen Zwei- und Vierbeinern. Ein professioneller Parcours besteht aus 15 bis 20 Hindernissen und hat eine Länge zwischen 100 und 200 m. Standardgeräte sind Hürden, Weitsprung, ein Viadukt, die Mauer und der Reifen. Diese verlangen sowohl hohe Sprungkraft als auch genaues Taxieren. Ein Sprung durch die Rahmenaufhängung des Reifens gilt innerhalb eines Wettbewerbs als Verweigerung. Auch der Weitsprung fordert im Turnier Schnelligkeit und Konzentration vom Hund. Weitere Standardgeräte sind fester Tunnel und Sackstofftunnel. Für Kontaktzonengeräte wie die A-Wand, den Laufsteg und die Wippe besagt das Reglement, dass der Hund bei einem fehlerfreien Auf- und Abstieg mindestens eine Pfote im unteren, farblich markierten Bereich aufsetzen muss. Slalom und Tisch dürfen ebenfalls nicht fehlen. Auf dem Tisch soll der Vierbeiner für fünf Sekunden eine beliebige Position wie Sitz, Platz oder Steh einnehmen. Im Turnier bedeutet der Tisch eine Ruhephase, denn der Aktionsfluss wird kurzzeitig unterbrochen. Der Tisch wird heute aber nur noch selten gestellt. Die Bewertung erfolgt am Ende je nach Zeit, eventuellem Abwurf oder Verweigerung.

Begleithundeprüfung (BH)

Voraussetzung für die Ausübung einiger Sportarten (z.B. Agility, Fährtenhund) ist eine bestandenen Begleithundeprüfung. Das Mindestalter der wedelnden Prüflinge liegt bei 15 Monaten. Der Vierbeiner muss auf dem Hundeplatz verschiedene Unterordnungsübungen absolvieren; außerdem gilt es außerhalb des Platzes einen Verkehrsteil zu bestehen, der das sichere und freundliche Verhalten des Hundes gegenüber anderen Verkehrsteilnehmern und Artgenossen überprüft. Für den Hundeführer gibt es zuvor noch eine theoretische Prüfung.

Der Turnierhundesport bietet für das Mensch-Hund-Team jeden Alters etwas. Beide Teampartner sind hier gleichermaßen gefordert.

Turnierhundesport

Der THS bietet für jeden etwas, denn hier gibt es auch je nach Alter des Führers unterschiedliche Startklassen. Mensch und Hund bilden als gleichgestellte Partner ein Team; in die Endnote fließen also nicht nur die Leistungen des Vierbeiners, sondern auch die des Zweibeiners mit ein. Innerhalb des Turnierhundesports gibt es verschiedene, abwechslungsreiche Wettbewerbsformen wie

Hindernislauf-Turniere, Vierkampf (Gehorsam, Hürden-, Slalom und Hindernislauf), Geländelauf (2000 m/5000 m), Combination Speed Cup (CSC; Mannschaftswettkampf, in dem drei Mannschaftsmitglieder in einem in drei Sektionen eingeteilten Parcours als Staffel laufen), Shorty (Kurz-Bahn-„CSC" für Zweier-Mannschaften mit zwei Geräte-Sektionen) und Qualifikations-Speed-Cup („QSC"; Wettkampf nach dem K.-o.-System auf zwei baugleichen Parcours).

Tickdogging

Immer mehr Hundeschulen bieten Kurse oder Workshops in Trickdogging an. Dabei werden Gehorsamkeitsübungen mit Spaßlektionen verbunden. Die vierbeinigen Schüler lernen kleine Kunststückchen und Spiele, die der Hundeführer auf Spaziergängen oder bei schlechtem Wetter im Haus ganz einfach

Bei einem Kontaktzonengerät wie der A-Wand darf der Hund nicht einfach oben abspringen. Denn das Reglement besagt, dass der Vierbeiner mindestens eine Pfote in dem farblich markierten Bereich aufsetzen muss.

Die beim Trickdogging gelernten Kunststückchen und Spiele lassen sich wunderbar zwischendurch zu Hause oder auf dem Spaziergang einbauen.

„abfragen" kann. Hier ist also Kopfarbeit gefragt. Im Mittelpunkt steht immer der Spaß und nicht die perfekte Leistung. Die Palette der Übungen ist groß: winken, verbeugen, „give me five", das schnurlose Telefon bringen oder ein Taschentuch aus der Hose ziehen sind nur einige wenige Beispiele. Da dieses Training individuell auf jeden einzelnen Vierbeiner zugeschnitten werden kann, ist es auch gut für ältere Labis, Hunde mit Handicap oder ängstliche Hunde geeignet.

Fährtenarbeit

Bei der Fährtenarbeit lernt ein Hund, einer Spur in natürlichem Gelände zu folgen. Die Einweisung des Vierbeiners erfolgt am An-

Mit dem Kommando „Such" beginnt der Vierbeiner einer Spur zu folgen. Hat er das Gesuchte gefunden, zeigt er dies etwa durch Ablegen an.

fang, dem sogenannten Ansatz der Fährte, mit dem Kommando „Such". Der Führer ist mit einer 10-m-Leine mit dem Hund verbunden. Der Vierbeiner trägt bei dieser Arbeit ein spezielles Geschirr. Je nach Schwierigkeitsgrad sind in die zu verfolgende Spur spitze und stumpfe Winkel sowie kreuzende Fremd-

fährten (Verleitungen) eingebaut. Findet der Vierbeiner unterwegs Gegenstände von seinem Herrn, muss er diese beispielsweise durch Ablegen anzeigen (verweisen). Der Führer zeigt dem Richter den Gegenstand und setzt den Hund erneut auf der Fährte an. Am Ende der Spur winkt der Supernase eine tolle Belohnung.

Obedience

Obedience ist ein Gehorsamstraining, das ausschließlich über die Futter- bzw. Beutemotivation oder mittels Clicker aufgebaut wird. Hier sind Einfühlungsvermögen und Geduld gefragt; der Hund muss viel Kopfarbeit leisten. In der Bewertung zählen die perfekte und schnelle sowie freudige Ausführung durch den Vierbeiner. Obedience beinhaltet Übungen wie „Sitz", „Platz", „Steh", „Bleib", Bei-Fuß-Laufen und Apportieren. Einige Lektionen müssen auf Distanz gezeigt werden, beispielsweise das Vorausschicken über eine Hürde und das anschließende Bringen eines Apportierholzes mit

Bei Obedience ist Köpfchen gefragt. Das Gehorsamstraining muss der Hund möglichst schnell, perfekt und freudig ausführen.

Bitte beachten Sie ...

Nicht jeder Hund ist für jede Sportart zu be-geistern. Suchen Sie die Beschäftigung mit Ihrem Labi nach seiner individuellen Vorliebe, seinem Gesundheitszustand und seiner allge-meinen Fitness aus. Nehmen Sie auch Wett-kampfsport nicht allzu ernst: Drill und über-triebener Ehrgeiz haben hier nichts zu suchen. Der Spaß soll bei diesem Teamwork immer an erster Stelle stehen. Betrachten Sie Trainer ebenfalls unter diesem Gesichtspunkt: nehmen Sie Abstand von strengen, autoritären Unter-richtsmethoden. Humorvolle Motivationen

sind das A und O einer optimalen Vertrauens-beziehung zwischen Ihnen und Ihrem Labi. Nur so macht Ihrem Vierbeiner die Zusam-menarbeit mit Ihnen Spaß und nur so ist sie Erfolg versprechend.

Hundesportplätze und -vereine in Ihrer Nähe finden Sie über das Internet. Auch Tierschutz-vereine, Tierärzte, Zoogeschäfte oder andere Hundebesitzer in Ihrer Umgebung sind geeig-nete Ansprechpartner auf der Suche nach einer passenden Trainingsmöglichkeit. Bevor Sie sich endgültig für einen Hundeplatz entschei-den, ist ein mehrmaliges Zuschauen vorab sowie Gespräche mit Trainern und Teilneh-mern empfehlenswert. Haben Sie die Möglich-keit, sehen Sie sich am besten gleich mehrere Übungsplätze näher an. Ebenfalls hilfreich für die Entscheidungsfindung ist die Teilnahme an einer Probestunde. Wichtig ist, dass die Kurs-leiter individuell auf jede Hundepersönlichkeit eingehen.

erneutem Hindernissprung. Obedience ist Per-fektion und Spaß zugleich. Es stellt jedoch sehr hohe Ansprüche an Hund und Führer. Bei der Ausbildung ist viel Fantasie für die richtige Motivation des Vierbeiners gefordert.

Sportbegleiter Labrador

Unterwegs mit dem Fahrrad

Sportliche Menschen können Ihren Sport ohne weiteres mit der Anwesenheit Ihres Hundes verbinden. Vierbeinige Bewegungsfe-tischisten wie der Labrador, freuen sich über eine Fahrradtour genauso wie Herrchen und Frauchen, die sich in ihrer Freizeit körperlich fit halten wollen. Grundvoraussetzung für die ungefährliche Mitnahme eines Hundes am Rad ist natürlich ein gewisser Gehorsam: Das

sichere Herkommen auf Zuruf, gute Leinen-führigkeit und einwandfreies Bei-Fuß-Gehen sind ein absolutes Muss für einen ungefähr-lichen Radausflug mit Ihrem Labi. Führen Sie einen ungeübten Hund langsam an das Lau-fen neben dem Fahrrad heran, denn auch er muss erst allmählich seine Kondition aufbau-en. Bremsen Sie einen zu überschwänglichen Vierbeiner unbedingt ein, er könnte sich leicht selbst überschätzen, schließlich ist eine Rad-tour für den Hund deutlich anstrengender als für den Radler. Meiden Sie außerdem große Hitze. Halten Sie Ihren rennenden Kamerad vom Fahrrad aus an der Leine, wickeln Sie die Leine aus Sicherheitsgründen nie um den Lenker, sondern nehmen Sie diese so in der Hand, dass Sie im Notfall schnell loslassen können. Eine Alternative besteht im Springer-

Begleitet Ihr Hund Sie an der Leine beim Rad fahren, achten Sie darauf, dass Sie sich die Leine nicht um das Handgelenk wickeln. Sie sollten sie im Notfall sofort loslassen können.

Auch wenn es beim Sport ein wenig gemächlicher zugeht, ist der Labi mit großer Freude als Begleiter dabei.

bügel: Hier haben Sie die Hände frei und am Lenker, während Ihr Labrador mit einem Kurzführer an einem gefederten Halter am Rad befestigt ist; eine Sicherheitsvorrichtung sorgt dafür, dass sich die Leine samt Hund im Notfall vom Rad löst und Sie so nicht gefährdet. Sie als Radler sollten bei einer Fahrradtour immer einen geeigneten Helm tragen.

Ausdauersportarten, bei denen der Hund länger läuft, sind nur für gesunde, nicht zu schwere und nicht zu alte Hunde geeignet; auch junge Vierbeiner müssen mit Rücksicht auf ihre weichen Knochen noch geschont werden: gewöhnen Sie Ihren wedelnden Freund erst ab einem Alter von anderthalb Jahren langsam an längere Strecken.

Erste Hilfe bei Muskelkater

Vorbeugend gleich nach der Anstrengung 1 Tablette Rhus toxicodendron D30 oder im Akutfall 2 x tgl. 1 Tablette. Zusätzlich ist eine Einreibung mit Bach-Rescue-Salbe möglich. Suchen Sie bei schwereren oder länger anhaltenden Beschwerden unbedingt den Tierarzt auf.

Viel Spaß am laufenden Band

Die Renner unter den Outdoorsportarten sind nach wie vor **Joggen**, **Walken** und **Nordic Walking**. Wie immer gilt für Mensch und Hund: geteiltes Vergnügen ist doppelte Freude. Vergessen Sie selbst bei gut folgenden Hunden nie, eine Leine für den Notfall mitzunehmen. Leinen Sie jagdbegeisterte Vierbeiner im Wald mit Rücksicht auf Wildtiere an. Damit der Jogger die Hände frei hat, hält der Fachhandel inzwischen spezielle Jogging-Leinen und -Gürtel bereit; in Letzteren wird die Leine einfach eingehängt. Natürlich muss Ihr Labrador so gut erzogen sein, dass er nicht ungestüm an der Leine zieht. Planen Sie eine größere Runde mit Pause, vergessen Sie etwas Wasser für Ihren Vierbeiner nicht. Lassen Sie ihn allerdings nicht zu viel davon trinken, damit er durch das Rennen mit vollem Bauch keine Magendrehung bekommt.

Inlineskaten Nicht weniger sportlich geht's beim Inlineskaten zu. Damit dieser schnelle Sport mit Ihrem Labrador jedoch nicht gefährlich wird, sollten Sie sich erst gemeinsam auf die „Piste" wagen, wenn Sie ein wirklich sicherer Skater sind und Ihr Vierbeiner absolut zuverlässig gehorcht. Außerdem ist diese Sportart nur für gut trainierte Hunde geeignet, da der Skater sehr schnell ein relativ hohes Tempo erreicht, dem der Vierbeiner dann standhalten muss. Respektieren Sie unbedingt die Grenzen Ihres Labis. Ein Sprint zwischendurch ist erlaubt, aber fahren Sie nicht ständig am (Tempo-)Limit. Neben einer speziellen Skaterausrüstung für den Zweibeiner, ist für den Hund, zumindest für den Notfall, eine Leine sowie ein Geschirr empfehlenswert.

Wandern Sind Sie kein Freund von flotten Sportarten, probieren Sie es mal mit einer ruhigeren Wanderung. Da jedoch auch hier von Zwei- und Vierbeinern Ausdauer gefragt ist, müssen Sie das Training hier wieder erst langsam aufbauen. Packen Sie für längere Touren neben einer eigenen Brotzeit auch Trinkwasser und, je nach Dauer, eine kleine Futterration sowie einen Napf für Ihren Labrador ein. Vergessen Sie außerdem ein Erste-Hilfe-Notfallset nicht. Längere Bergtouren bedürfen einer größeren Vorbereitung; sicheres Kartenlesen ist dabei schon eine wichtige Grundvoraussetzung. Klären Sie bei Mehrtagestouren unbedingt vorab, ob Ihr Vierbeiner auch in Hütten übernachten darf.

Begleitet Sie Ihr Labi auf einer längeren Tour, packen Sie nicht nur für sich Proviant ein, sondern zumindest etwas zu Trinken für den Hund.

Rund ums Spielen

Warum Spielen so wichtig ist

Alle jungen Tiere spielen gerne, denn Spielen macht Spaß, aber nicht nur das: im Spiel lernt ein Vierbeiner fürs Leben und zwar sein Leben lang. Schon Welpen lernen spielerisch ihre Umwelt kennen, lernen aus guten und schlechten Erfahrungen. Aber auch die Rangordnung innerhalb des Hunderudels und später innerhalb der Familie wird spielerisch ausgetestet. Das Spiel mit Artgenossen legt für Welpen den Grundstein zu einem normal entwickelten, ausgeglichenen Sozialverhalten.

Nützlicher Freund und Helfer

*Da Ihr Labi sehr gerne für Sie arbeitet, können Sie ihn auch gut an das Tragen von Packtaschen gewöhnen. Machen Sie ihn allerdings langsam damit vertraut: Lassen Sie ihn zunächst nur daran schnuppern, legen Sie anschließend die leeren Taschen vorsichtig über seinen Rücken. Loben Sie ausgiebig, wenn er ruhig bleibt und schimpfen Sie nicht, wenn er sich noch dagegen sträubt. Reden Sie behutsam und geduldig auf Ihren Hund ein und zeigen Sie ihm, dass keine Gefahr von den Taschen ausgeht. Schließen Sie den Gurt, sobald der Vierbeiner gelassen bleibt. Beladen Sie die Taschen aber erst (und bitte maßvoll!), wenn Ihr Hund die leeren „Säckchen" anstandslos auf seinem Rücken akzeptiert. Ist dies der Fall, trägt Ihr vierbeiniger Gehilfe bald auf Wanderungen stolz wie Oskar diverse Utensilien wie Proviant, einen kleinen Schirm, eine Leine oder eine eingepackte Regenjacke. **Bitte beachten Sie:** Nicht alle Hunde gewöhnen sich an Packtaschen. Zwingen Sie Ihren Vierbeiner nicht dazu, sondern akzeptieren Sie auch eine eventuelle dauerhafte Abneigung.*

Hunde, egal welchen Alters, die nicht spielen dürfen, können seelisch und auch körperlich verkümmern.

Spielen ist aber nicht nur für junge Hunde wichtig. Im Grunde kann ein Vierbeiner bis ins hohe Alter spielerisch lernen. Erwachsene Hunde testen untereinander ebenfalls immer wieder im Spiel ihre Rangordnung aus. Sehr selbstbewusste Tiere versuchen oft innerhalb ihrer Familie durch schelmische Tricks ihre Grenzen und ihren Stand in der Familie auszuloten. Lassen Sie sich hiervor nicht einwickeln, sonst haben Sie schnell verspielt. Auch veränderte Lebensbedingungen oder unbekannte Gegenstände werden noch von erwachsenen Hunden spielerisch erforscht. Häufiges Spielen schult außerdem das Gehirn des Vierbeiners. So belegen Studien, dass Hunde, die in ihrer Welpenzeit kaum Eindrücke sammeln konnten, ihr Leben lang weniger aufnahmefähig sind als Artgenossen, die zwar von den Erbanlagen her nicht so intelligent sind, dafür aber mehr gefördert wurden. Vierbeiner, denen mehr geboten wird, können sich auch nachweislich besser konzentrieren. Junge Hunde erfahren durch ausgelassenes Toben nach Erziehungseinheiten eine tolle Belohnung; sie dürfen nun ihren, durch die Anspannung des Lernens aufgestauten Energien so richtig freien Lauf lassen und entspannen sich somit wieder. Gehen Sie die Erziehung Ihres Labradors spielerisch an, wirkt dies sehr motivierend auf den Vierbeiner,

denn der Spaß kommt dabei nie zu kurz. Außerdem entwickelt sich ein intensives Vertrauensverhältnis zwischen Ihnen und Ihrem Hund. Regelmäßige Spielstunden schweißen Sie und Ihren Labi zu einem richtigen Dream-Team zusammen. Auf diese Weise bleibt Ihr wedelnder Kamerad auch im Alter lange körperlich und geistig fit. Schüchterne Vertreter gelangen durch einfache Spiele, die Erfolge bringen, zu einem gestärkten Selbstbewusstsein. Spielen ist für Hunde jeden Alters also in den unterschiedlichsten Bereichen wie ein Lebenselixier, ohne das sie auf Dauer physisch und psychisch verkümmern würden.

Lustige Hundespiele

Kreative Hürden Labradors haben großen Spaß am Überspringen von Hürden. Hierfür eignet sich gut ein Besenstiel, der auf zwei auseinander gestellte Gartenstühle oder auf umgedrehte Obstkisten gelegt wird. Aus Schutz vor Verletzungen sollte die „Stange" bei einer Berührung leicht herunterfallen. Für größere Gärten ist eine alte Blech- oder Plastiktonne, die aber unbedingt gegen Wegrollen fixiert sein muss, ein interessantes Hindernis, außerdem ein fest aufgestellter, ausrangierter LKW-Reifen, der zum Durchspringen einlädt.
Unter Mithilfe einer weiteren Person kann Ihr Labi außerdem lernen, über Ihren Rücken zu

Es muss nicht immer der Hundesportplatz sein. Auch ein aufgehängter oder aufgestellter ausrangierter LKW-Reifen lädt zum Durchspringen ein.

Mit etwas Fantasie können Sie sich Hürden auch gut selbst bauen. Ihr Labi wird bestimmt viel Freude beim Überspringen des Hindernisses haben.

springen. Knien Sie sich zunächst auf den Boden und stützen Sie sich im 90° Winkel mit beiden Händen vorne ab, sodass Ihr Rücken eine Art Brücke bildet. Nun lockt die zweite Person den Hund mit einem Leckerli und dem Befehl „Hopp" über Ihren Rücken. Hat Ihr intelligenter Vierbeiner erst einmal das Spiel begriffen, genügt nur noch das Kommando „Hopp" und er wird über die ihm angebotene „Hürde" springen.

Mit Ihren Armen können Sie einen „Reif" bilden, durch den Ihr Labrador ebenfalls gerne springt. Möchten Sie einmal eine Dogdancing-Choreographie für den Hausgebrauch kreieren, bauen Sie die letztgenannten Sprung-elemente mit ein.

Futterschleppe Binden Sie hierfür ein Stück Fleisch oder Pansen an eine Schnur und ziehen Sie damit eine Spur durch den Garten. Bauen Sie dabei auch Kurven oder Schlangenlinien ein. Führen Sie diesen Parcours an markanten Stellen wie beispielsweise Bäumen oder Büschen vorbei, damit Sie die Nasenleistung Ihres Labradors anschließend gut nachvollziehen können. Allerdings darf Ihr Hund diese Vorbereitungen nicht mitverfolgen. Dann zeigen Sie Ihrem Vierbeiner den Anfang der Spur und fordern ihn mit dem Befehl „Such" auf, ihr zu folgen. Kommt Ihr Labi von der Fährte ab, schimpfen Sie ihn nicht, sondern setzen Sie ihn erneut darauf an und motivieren Sie ihn mit eigener Begeisterung. Folgt er eifrig der Spur, loben Sie ihn ausgie-big. Ist Ihr Labrador schließlich am Ende der Fährte angekommen, belohnen Sie ihn mit einem Leckerli oder einem Stück Wurst. Geben Sie einem jagdlich geführten Labi kei-nesfalls das „Schleppmaterial", denn sonst kann sich der Hund leicht zum „Anschnei-der" (= Anfressen des Wildes) entwickeln.

Vierbeiniger Haushaltshelfer Spannen Sie Ihren Labi auch mal im Haushalt als Träger ein: Haben Sie auf dem Weg in die Waschküche einen Socken verloren, erspart Ihnen ein schlappohriger Gentleman lästiges Bücken.

Etwas schwieriger ist das Bringen bestimmter Gegenstände auf Kommando. Hierfür muss Ihr Labrador zusätzlich die Bezeichnung der einzelnen Dinge lernen. Zeigen Sie Ihrem Vierbeiner zunächst höchstens zwei verschiedene Gegenstände und verwenden Sie dabei immer

10 Spielregeln für Sie und Ihren Hund

Spielen macht Spaß, allerdings nur, wenn sich alle Mitspieler an bestimmte Regeln halten. Im Zusammenspiel mit Ihrem Labrador bleiben Sie jedoch immer der Kapitän, der auch dafür sorgt, dass Ihr cleverer Vierbeiner nicht still und heimlich Ihre Autorität untergräbt.

🐕 *Sie bestimmen Zeitpunkt und Ort.*

🐕 *Sie legen das Spielende fest.*

🐕 *Sie sind der Spielzeug-Verwalter.*

🐕 *Kein Tauziehen mit dominanten Rambos.*

🐕 *Nach dem Füttern herrscht Spielverbot (Magendrehung).*

🐕 *Lassen Sie Ihren Hund während des Spiels keine großen Mengen trinken (Magendrehung).*

🐕 *Nicht in der größten Mittagshitze spielen.*

Hunde sind clever. Sie nutzen jede erdenkliche Chance aus, um vielleicht doch still und heimlich Ihre Autorität untergraben zu können. Aber: Sie sind und bleiben der Chef, auch beim Spielen.

🐕 *Achten Sie auf ausreichende Ruhephasen.*

🐕 *Belohnen Sie nicht nur mit Leckerli, sondern auch mit Stimme, Streicheln und Spielzeug.*

🐕 *Hören Sie auf, wenn's am Schönsten ist!*

Spannen Sie Ihren Labi auch mal in Haus und Garten als eifrigen Träger ein.

„Verlieren" Sie doch mal Ihren Schlüsselbund. Die fortgeschrittene Supernase findet diesen beim Schnüffelspiel bestimmt.

denselben Namen und dasselbe Kommando, z.B. „Pantoffel, Apport". Nimmt er den entsprechenden Gegenstand auf, wird ausgiebig gelobt. Vertut er sich, schimpfen Sie nicht, sondern nehmen Sie ihm mit einem ruhigen „Nein" das falsche Objekt ab und zeigen Sie ihm unter Betonung der richtigen Bezeichnung den gewünschten Gegenstand. Nimmt er nun

„Ich packe meinen Koffer ..."

Kennt Ihr Labi erst einmal die Bezeichnungen unterschiedlicher Gegenstände, können Sie ihn in Zukunft sogar vor einer Reise für das Kofferpacken einspannen. Nicht nur, dass er Ihnen dabei behilflich ist, auch der eigene Koffer mit allem hündischen Zubehör wird ab jetzt selbst gepackt. Ist Ihr fleißiger Kamerad selbst groß genug, kann ein kleiner Kinderkoffer verwendet werden, den er dann natürlich auch selbst tragen darf.

das richtige Objekt auf, wieder überschwänglich loben und freuen. Klappt die Unterscheidung aus der Nähe, entfernen Sie sich allmählich immer weiter und schicken Sie Ihren bellenden Schüler aus der Distanz zu den jeweiligen Dingen. Nach und nach wird das Erlernte perfektioniert und Ihr Labi holt Ihnen schließlich Ihre Pantoffeln aus dem Schuhregal und die Zeitung vom Couchtisch.

Im Garten bringt Ihnen ein Labrador gern eine kleine Gießkanne oder die Gartenhandschuhe.

Für Supernasen Labradors sind wahre Supernasen, die sich für Schnüffelspiele absolut begeistern. Verstecken Sie Ihrem Vierbeiner doch mal ein Stück Pansen in einer speziellen Schnüffelbox. Wickeln Sie hierfür den Pansen in zerknülltes Zeitungspapier; dieses geben Sie nun samt duftendem Inhalt locker in eine Pappschachtel, deren Deckel bereits mit einigen Duftlöchern versehen ist. Jetzt heißt es

für Ihren Hund: „Auf die Plätze, fertig, los!"
Feuern Sie ihn mit dem Kommando „Such"
und eigener Begeisterung an, sein Leckerli zu
finden. Selbstverständlich dürfen dabei auch
die Fetzen fliegen.

Fortgeschrittene Vierbeiner können nach bestimmten Gegenständen suchen, die nach
Ihnen riechen, wie beispielsweise Geldbeutel,
Handschuh oder Schlüsselbund. Nehmen Sie
auf einem Spaziergang unbemerkt vom Hund
einen Tannenzapfen auf, reiben Sie ihn in
Ihren Händen, werfen Sie ihn wieder weg und
schicken Sie Ihre Supernase auf Streife. Loben
sie eifrig, wenn er die richtige Richtung ein-
schlägt. Hat er den Zapfen gefunden und
nimmt er ihn auf, belohnen Sie ihn ausgiebig.
Am Ende winkt natürlich ein Leckerli. Eine
Abwandlung des Spiels besteht darin, dass
Ihr Labi aus einem ganzen Haufen von Tannenzapfen, den herausfinden soll, den Sie
vorher in der Hand hatten.

*In einer
Plastikwanne
oder einem Kinder-
plantschbecken lässt es
sich toll abkühlen.*

Wasserspiele Eine apportierfreudige Wasserratte wie der Labi holt begeistert Spielzeug
aus dem Wasser. Hierfür gibt es im Fachhandel inzwischen spezielles, schwimmendes
Neoprenspielzeug. Schwere Bälle aus Voll-
gummi eignen sich für Hunde, die gerne im
flacheren Uferbereich tauchen. Ein verlo-
ckendes Leckerli lädt ebenfalls zu einem
kurzen Tauchgang ein. Haben Sie kein Na-
turgewässer in der Nähe, kann auch eine

Vorsicht mit härteren Bällen!

*Geben Sie einem jagdlich geführten Labi
keine härteren Bälle (z.B. Tennisball) als
Spielzeug, denn diese führen zu einem unge-
wollt „harten Maul" und gegebenenfalls zum
Knautschen. Viel besser geeignet sind spezielle Fell- und Wasserdummies.*

Wichtige Auflockerung

*Trainieren Sie immer nur in kurzen Sequen-
zen, denn Ihr Hund muss sich beim Erlernen
von Kunststückchen sehr konzentrieren. Schließen Sie stets mit einem Erfolgserlebnis ab und
lockern Sie die einzelnen Lernschritte durch
ausgelassene Spiele auf. Auch ein zwischen-
zeitliches Toben im Garten macht den Kopf
wieder frei für die Aufnahme neuer „Befehle".*

Plastikwanne oder ein Kinderplantschbecken
für kleine Tauch- und Plantschabenteuer her-
halten. Sichern Sie den rutschigen Boden jedoch mit einer Duschwanneneinlage ab.

Werfen Sie Ihrem wedelnden Begleiter im flachen Wasser einen weichen oder aufblas-
baren Ball zu, den er dann wieder zu Ihnen
zurückstupsen soll. Ist das Wasser tiefer
müssen Sie beide schwimmend agieren.

95

Es muss nicht immer gekauftes Spielzeug sein. Für das Hunde-glück reicht auch ein leerer Pizzakarton als Wurfscheibe, vor allem wenn dieser am Schluss zerfetzt werden darf.

Erste-Hilfe-Tipp

Hat Ihr Hund doch einmal aus Versehen ein gefährliches spitzes oder scharfes Teil gefressen, füttern Sie als Erste-Hilfe-Maßnahme sofort rohes Sauerkraut. Dies wickelt sich im Verdauungstrakt um den Gegenstand, so-dass dieser, meist ohne weitere Schäden an-zurichten, wieder ausgeschieden wird. Kontaktieren Sie zur Sicherheit aber trotzdem auch ihren Tierarzt.

Selbst gemachtes Hundespielzeug

Leicht lässt sich ein Jute- oder Lederspielzeug selber herstellen: Nehmen Sie hierfür einen alten Jutesack, füllen sie ihn mit etwas Holz-wolle und binden Sie ihn mit einem Baum-wollstrick fest zu. Lederreste ergeben zusam-mengenäht und ausgestopft ebenfalls ein interessantes Apportel. Ein abgetrenntes Jeansbein, ein ausrangiertes T-Shirt, ein aus-gedienter Strumpf oder ein altes Handtuch sind, allesamt mit einem großen Knoten ver-sehen, lustige Schleuderspielzeuge. Leere Pizzakartons ergeben lustige Frisbee®-Schei-ben für den Hausgebrauch; anschließend darf Ihr Labi diese Flugobjekte nach Herzenslust zerfetzen.

Der gemeinsame Alltag

Auch im Alltag ist ein wohlerzogener Labra-dor ein toller Begleiter. Besuchen Sie bei-spielsweise Freunde, freuen sich diese sicher-lich über einen schwanzwedelnden Gute-

Stöckchen können wegen der Split-tergefahr gefähr-lich für Ihren Hund sein.

Gefährliches Hundespielzeug!

☠ *Alle spitzen und scharfkantigen Gegen-stände sind als Hundespielzeug absolut ungeeignet; dies gilt auch für Spielzeug, in dem spitze Teile wie Nägel oder Drähte eingearbeitet sind.*

☠ *Verboten sind Äste sowie lackierte Dinge.*

☠ *Ebenfalls absolut tabu sind Schnüre, dünne Nylonstrümpfe, Plastikbecher oder Luftballons.*

☠ *Zu schweren Verletzungen können Mate-rialien führen, die leicht splittern oder zer-brechen, wie bestimmte Holzarten, Glas, Keramik oder manche Kunststoffteile.*

☠ *Gefährlich für Hunde ist Kinderspielzeug wie Legobausteine oder Stofftiere mit Glasaugen oder Knöpfen, die schnell ab-gerissen und gefressen sind.*

Bei all diesen Dingen drohen dem Hund nicht nur schwere Verletzungen im Maul, sondern auch im Magen-Darm-Trakt. Im schlimmsten Fall kann Ihr Labrador ersticken oder einen Darmverschluss bekommen.

Die meisten Hunde fahren liebend gerne mit im Auto. Transportieren Sie Ihren Verbeiner aber nicht ungesichert, denn im Falle eines Unfalls könnte dies für Sie gefährlich und teuer werden.

Laune-Macher, der Stimmung und Schwung in die Bude bringt. Der gemeinsame Gang in ein Restaurant sowie das brave unter dem Tisch Liegen versteht sich für einen vierbeinigen Gentleman von selbst. Mit einem vorbildlichen Hund sind Sie ein gern gesehener Gast, der fast schon negativ auffällt, wenn er einmal ohne seinen schlappohrigen Begleiter kommt. Die mittägliche Einkehr wird Ihrem Labi versüßt, wenn er genüsslich ein wohlverdientes Schweineohr kauen darf. Ein anschließender Verdauungsspaziergang tut nicht nur Ihnen, sondern auch Ihrem Vierbeiner gut. Ein gut erzogener Labrador kann Sie außerdem zum Einkaufen begleiten. Ein eifriger Apporteur trägt Ihnen danach liebend gerne etwas von Ihren Einkäufen nach Hause. So haben nicht nur Sie, sondern auch Ihr Labi Spaß am gemeinsamen Shoppen.

Viele Hunde sind außerdem wahre Autofetischisten, die einfach nur gerne mitfahren. Achten Sie hier unbedingt auf die ausreichende Sicherung Ihres Vierbeiners, ansonsten kann es im Falle eines Unfalls nicht nur gefährlich, sondern auch teuer werden, denn Tiere gelten im Auto rechtlich gesehen als Ladung. Sicherungssysteme gibt es inzwischen viele, doch leider sind nicht alle wirklich empfehlenswert. Achten Sie bei der Auswahl am besten auf vorliegende Ergebnisse von Crashtests oder DIN-Prüfungen. Auch der ADAC hat eine Liste mit Vor- und Nachteilen unterschiedlicher Sicherungseinrichtungen wie Spezialsicherheitsgurte, Trenngitter, Transportboxen & Co. herausgegeben.

Selbstverständlich gibt es viele weitere Aktivitäten, bei denen Sie Ihr Labi begleiten kann. Ob bei einem Ausritt, einem Ausflug an einen Badesee oder bei diversen Wintersportarten. Vielleicht haben Sie auch einen hundefreundlichen Chef, der sich über einen vierbeinigen Mitarbeiter mit Aufgabenschwerpunkt „Verbesserung des Betriebsklimas" freut. Wichtig ist bei allem, dass Sie Ihren Labrador ganz behutsam an die jeweils neue Situation heranführen. Sparen Sie dabei nie mit Lob. Trauen Sie ihm andererseits aber auch außerhalb Ihrer vier Wände ruhig ein ordentliches Auftreten zu.

Haben Sie Mut für mehr gemeinsame Unternehmungen.

Als Familienhund bleibt der Labrador nicht gerne über mehrere Stunden lang alleine. Fragen Sie doch mal Ihren Chef, ob Sie Ihren wohlerzogenen Hund mit ins Büro nehmen dürfen.

Hundesitter und Tagesstätten

Sicherlich können Sie Ihren Labrador nicht immer überallhin mitnehmen. Sollten Sie länger als 5 Stunden abwesend sein, ist es besser, ihn bei einem Hundesitter unterzubringen als ganz alleine zu lassen. Idealerweise finden Sie jemanden im Freundes- oder Verwandtenkreis, der Ihren Labi liebt und bei dem sich auch Ihr Hund wohl fühlt. Ist dieser Fall für Sie unrealistisch, fragen Sie andere Hundebesitzer, die Sie täglich beim Spaziergang treffen; vielleicht kennt jemand eine hundebegeisterte Person, die selbst keinen Vierbeiner halten kann, aber hoch erfreut über gelegentlichen Hundebesuch ist. Häufig sind Tiersitter auch Tierärzten, Tierschutzvereinen, Hundeschulen, Zoofachhändlern oder ihrem Züchter bekannt. Empfehlenswert ist ebenfalls der Blick in die Kleinanzeigen Ihrer Tageszeitung oder ins Internet. Lassen Sie Ihren Labrador lieber von einem Profi betreuen, wenden Sie sich an eine Hunde-Tagesstätte. Hier sind meist mehrere Vierbeiner gleichzeitig „geparkt". Für gut sozialisierte Hunde ist dieser Aufenthalt ein großer Spaß, da sie hier viel Kontakt mit Artgenossen bekommen. Sensiblere Vertreter fühlen sich eventuell bei einem

Bei der Suche nach einem geeigneten Hundesitter sollten Sie sich unbedingt Zeit nehmen. Schließlich soll Ihr vierbeiniger Liebling viel Zeit dort verbringen und sich wohl fühlen.

privaten Betreuer wohler, denn er kümmert sich ganz individuell ausschließlich nur um ihn. Tagesstätten sind häufig Hundepensionen oder -hotels angegliedert. Hier ist der Aufenthalt in der Regel teurer als bei einer privaten Stelle. Andererseits können Sie in professionellen Betrieben oftmals Extras wie Erziehungstraining, Tierarztbesuche oder Wellnessprogramme buchen. Lassen Sie sich auf alle Fälle viel Zeit bei der Suche und Auswahl eines geeigneten Hundesitters. Sehen Sie sich vor Ort genau um und beobachten Sie gut wie Mensch und Hund miteinander umgehen und aufeinander reagieren. Nur wenn ein optimales Vertrauensverhältnis gegeben ist, werden sich beide Seiten wohl fühlen. Und nur dann können Sie beruhigt auch mal ohne Ihren Labi unterwegs sein. Gewöhnen Sie Ihren Vierbeiner möglichst frühzeitig an die Unterbringung bei anderen Personen, dann fällt ihm später die vorübergehende Trennung von Ihnen nicht so schwer.

Nach einem Tag beim Tiersitter macht das Spielen mit Frauchen doppelt Spaß.

Am Strand toben, im Wasser plantschen und längere Zeit mit der ganzen Familie rund um die Uhr zusammen sein - das ist der Traum eines jeden Labis.

Mit dem Labrador auf Reisen

Für einen Labrador ist Dabeisein alles, daher gibt es für ihn auch nichts Schöneres als Sie im Urlaub zu begleiten. Ein sicherer Garant für eine erholsame Reise ist in erster Linie eine gute Organisation im Vorfeld. Möchten Sie ins Ausland fahren, sprechen Sie unbedingt vor Ihren Ferien mit Ihrem Tierarzt. Er wird Sie beraten und aufklären und Ihnen alle erforderlichen Medikamente mitgeben. Vergessen Sie nicht, den auf dem Mikrochip des Hundes enthaltenen Code spätestens vor einer geplanten Reise bei einem Tierregister (siehe Kapitel „Hilfreiche Adressen") eintragen zu lassen, damit Ihr Vierbeiner im Falle eines Verschwindens schneller wiedergefunden werden kann. Besorgen Sie rechtzeitig alle Grenzpapiere, fehlendes Reisezubehör und Hundefutter.

Haben Sie einen hundefreundlichen Urlaubsort gefunden, geht es an die Suche einer geeigneten Unterkunft. Wollen Sie ein All-Inclusive-Paket buchen, sind Sie mit einem

Die Labis sind kaum zu halten, so groß ist die Freude auf das bevorstehende Bad und den langen Spaziergang.

Der Hunde-Fahrplan

Eine gute Organisation schließt auch die Wahl nach einem passenden Verkehrsmittel mit ein. Damit bereits die Anreise für alle Beteiligten stressfrei und entspannend wird, gibt es für die Mitnahme des vierbeinigen Lieblings je nach Land und gewähltem Verkehrsmittel einiges zu beachten. Am beliebtesten ist sicherlich die Fahrt mit dem Auto. Ihr Labi benötigt hier unbedingt einen eigenen Platz, an dem er vorschriftsmäßig gesichert ist. Achten Sie außerdem auf ausreichend Kühlung sowie Frischluft und Wasser. Vermeiden Sie jedoch Zugluft, denn die kann zu schweren Augenentzündungen und Erkältungen führen. Regelmäßige Gassi- und Trinkpausen sind ein Muss; halten Sie dafür immer Wasserflasche und -napf griffbereit. Damit Ihr Labrador nicht mit vollem Magen losfährt, füttern Sie ihn zuletzt maximal vier Stunden vor Reiseantritt. Führt Ihre Strecke über Bergstraßen, bieten Sie Ihrem Vierbeiner bei häufigem Gähnen oder Hecheln ein paar Leckerli oder einen Kauknochen an, damit sich der unangenehme Druck auf den Ohren löst. Planen Sie auf jeden Fall genug Zeit für die Anreise ein, eventuell sogar mit Zwischenübernachtungen. Die besten Reisezeiten sind morgens und abends, eventuell sogar nachts; versuchen Sie Staugebiete zu umfahren. Geraten Sie trotzdem in einen Stau, verlassen Sie bei nächster Gelegenheit lieber die Autobahn für

tierfreundlichen Hotel gut beraten. Inzwischen gibt es sogar richtige Hundehotels, in denen sich Herr und Hund gleichermaßen verwöhnen lassen können. Außerdem werden Hotels mit angegliederter Hundeschule immer beliebter. Gerade Singles treffen hier viele Gleichgesinnte und knüpfen schnell Kontakte. Lieben Sie es dagegen ruhiger, sind Sie gern flexibel und können gut auf Luxus verzichten, empfiehlt sich ein Ferienhaus oder -wohnung. Hier sind Sie Ihr eigener Herr und haben für sich und Ihren Labrador viel Platz. Urige Camping- und Hüttenaufenthalte sowie Trekkingtouren mit Hund stellen für abenteuerlustige Outdoorfreaks eine reizvolle Alternative zum herkömmlichen Urlaub dar. Erkundigen Sie sich aber unbedingt vorab, ob Ihr Vierbeiner auch wirklich willkommen ist. Über das Internet oder das Tourismusbüro Ihres ausgewählten Ferienortes bekommen Sie entsprechende Adressen und Informationen.

> **Tipp!**
> *Wenn Sie selbst eine kurze Toilettenpause benötigen, lassen Sie Ihren Labrador an heißen Tagen nie im Auto zurück. Auch geöffnete Fenster verhindern nicht die enorme Aufheizung des Autos, das für den Vierbeiner schnell zur quälenden und tödlichen Falle werden kann.*

Bei einer längeren Autofahrt sollten genügend Pausen eingeplant werden, damit sich Ihr Labi lösen und die Beine vertreten kann.

einen Spaziergang, bis sich der Stau wieder aufgelöst hat.

Mit der Bahn unterwegs

Selbstverständliche Grundvoraussetzung für die Fahrt in einem öffentlichen Verkehrsmittel ist ein guter Benimm Ihres Labradors. Auch eine gewisse Nervenstärke ist von Nöten, denn nicht nur auf dem Bahnsteig, sondern auch im Zug selber muss Ihr Vierbeiniger Begleiter häufig mit Menschenmengen und großer Enge fertig werden.

Unternehmen Sie vor der Abreise noch einen langen Spaziergang, damit Ihr Hund nicht nach einiger Zeit im Zug unruhig wird. Längere Aufenthalte sind für kleine Pinkelpausen nützlich. Stecken Sie für den Notfall ein Kottütchen ein. Lassen Sie Ihren Labi nie auf dem Bahnsteig frei laufen: leicht könnte er durch das Treiben dort in Panik geraten und entwischen. In der Bahn ist ebenfalls Leinenzwang angesagt. Hunde in der Größe eines Labradors müssen einen Maulkorb tragen (außer Blindenhunde) und benötigen eine Kinderfahrkarte. Weitere Infos finden Sie im Internet unter *www.bahn.de*

In Österreich und der Schweiz gelten für die Beförderung von Hunden ähnliche Bestimmungen wie in Deutschland. Nähere Informationen erhalten Sie bei der Österreichischen Bundesbahn (ÖBB) unter *www.oebb.at* bzw. der Schweizer Bundesbahn (SBB) unter *www.sbb.ch*

Unterwegs in Bus und Taxi

In vielen Städten gibt es spezielle Tiertaxis. Aber auch in normalen Taxis dürfen Hunde mitfahren. Erwähnen Sie aber bereits bei der Bestellung, dass Sie ein Vierbeiner begleitet. Busfahren ist in manchen Städten für Hunde kostenlos, in anderen gilt der halbe Fahrpreis. Fragen Sie entweder gleich vor Ort den Fahrer oder erkundigen Sie sich vorab beim örtlichen Fremdenverkehrsbüro.

Bahnreisen sind nichts für nervenschwache Hunde. Sie müssen sowohl auf dem Bahnsteig als auch später im Zug selbst mit großen Menschmengen, Enge und neuen Gerüchen fertig werden.

Das gehört ins Hundegepäck

- ✓ Leine und Halsband bzw. Geschirr
- ✓ Adressen-Schild fürs Halsband mit Urlaubsadresse und dem Reisezeitraum sowie der Heimatadresse
- ✓ Maulkorb
- ✓ Eventuell Transportbox
- ✓ Körbchen, Decke und Handtücher
- ✓ Spielzeug
- ✓ Frisches Trinkwasser und Näpfe
- ✓ Futter, Leckerli und Kauknochen
- ✓ Dosenöffner
- ✓ Bürste und/oder Kamm
- ✓ Kottütchen
- ✓ Sonnenschutz
- ✓ Reiseapotheke
- ✓ EU-Heimtierausweis/Grenzpapiere
- ✓ Versicherungsnummer und Anschrift der Haftpflichtversicherung

Die Reiseapotheke für Ihren Labi sollte enthalten

- ✛ Eventuell benötigte Dauermedikamente
- ✛ Mittel gegen Reisekrankheit oder Beruhigungsmittel
- ✛ Mittel gegen Durchfall
- ✛ Wundspray/Desinfektionsmittel
- ✛ Augen- und Ohrentropfen
- ✛ Floh- und Zeckenmittel
- ✛ Zeckenzange
- ✛ Schere
- ✛ Fieberthermometer
- ✛ Gaze, Verbandsmaterial
- ✛ Pfotenschutzschuh
- ✛ Rescue-Tropfen von Bach

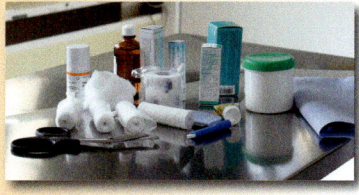

Erkundigen Sie sich vor einer Schiffsreise, ob die Mitnahme Ihres Labradors überhaupt erlaubt ist.

„Eine Seefahrt, die ist lustig …"

Fährüberfahrten mit einer Dauer von ein bis drei Stunden stellen für Hundebesitzer kein Problem dar, da der Vierbeiner ohne weiteres mit an Deck darf. Bei längeren Strecken sind Hunde häufig wegen fehlender Unterbringungsmöglichkeiten nicht zugelassen. Grundsätzlich gilt auf Schiffen Leinenzwang, manchmal sogar Maulkorbpflicht. Vergessen Sie nicht Ihre Hundegrundausstattung wie Napf, Wasser, evtl. etwas Futter, eine Decke sowie den Impfpass und je nach Einreiseformalität ein Gesundheitszeugnis. Kreuzfahrten sind für Hunde tabu. Einzige Ausnahme: die „Queen Elisabeth II", sie hat ein eigenes Hundedeck.

Internet-Tipp

*Unter **www.partner-hund.de** finden Sie die verschiedensten Einreisebestimmungen für Reisen mit Hund ins Ausland; auch etliche Gesetze, die im Reiseland gelten, sind aufgeführt sowie diverse Inlandsbestimmungen, hundefreundliche Ferienquartiere, Reiseangebote, Checklisten, Zubehör und Bezugsquellen.*

Hunde von der Größe eines Labis müssen im Flugzeug in einer Transportbox im Gepäckraum transportiert werden.

Flugreisen mit Hund

Kleine Hunde bis zu einem Gewicht von 5 kg dürfen bei den meisten Fluggesellschaften im Passagierraum mitfliegen. Informieren Sie sich aber unbedingt vor der Flugbuchung über die genauen Mitnahmebedingungen. Auch Blinden- und Behindertenbegleithunde können unabhängig von ihrer Größe bei ihrem Führer bleiben. Vierbeiner von der Größe eines Labradors müssen in einer Transportbox im Gepäckraum untergebracht werden. Sprechen Sie vor einem Flug mit Ihrem Tierarzt und lassen Sie sich auf jeden Fall ein Beruhigungsmittel für Ihren Vierbeiner mitgeben, denn eine Flugreise bedeutet großen

ihn während Ihrer Abwesenheit zu Hause optimal unterzubringen. Auch diese Ferienvariante bedarf einer guten Vorbereitung. Zunächst muss ein zuverlässiger, lieber Hundesitter oder eine kompetente Tierpension gefunden werden. Im Idealfall kann Ihr Labrador bei Verwandten oder Freunden bleiben. Oftmals nimmt der Züchter seinen ehemaligen Nachwuchs gern in Pflege; vielleicht kennt er aber auch jemanden, bei dem Ihr haariger Begleiter während Ihres Urlaubs gut aufgehoben ist. Professionelle Hundepensionen finden Sie über

Weitere interessante Hinweise zum Thema „Urlaub mit Hund" finden Sie unter:
www.ferien-mit-hund.de

Stress für den Hund. Weitere Informationen zum Thema bekommen Sie unter *www.flughund.de*

Der Labi in der Pflegestelle

Haben Sie ein besonders weit entferntes oder heißes Urlaubsziel im Auge, ist es besser auf die Mitnahme Ihres Labis zu verzichten und

Am Verhalten Ihres Vierbeiners merken Sie schnell, ob er sich in der Pflegestelle wohl fühlt und ob er zu seinen Ersatzeltern Vertrauen hat.

Für die Pflegefamilie muss zusätzlich ins Hundegepäck

✓ Eventuell nötige Medikamente
✓ Ihre Urlaubsadresse bzw. Handynummer für Notfälle
✓ Telefonnummer Ihres Tierarztes
✓ Liste mit Vorlieben, Abneigungen und Eigenheiten Ihres Hundes

das Internet, das Branchenverzeichnis, Ihren Tierarzt, Tierschutzvereine, Zoofachgeschäfte, Hundevereine, den Kleinanzeigenteil Ihrer Tageszeitung oder Tierzeitschriften. Auch andere Hundebesitzer, die ihren Vierbeiner ebenfalls schon in einer Pension untergebracht haben, können Ihnen entsprechende Tipps geben. Sogar Tierheime nehmen vorübergehende Pfleglinge auf; die Bezahlung ist hier für einen guten Zweck, denn das Geld kommt gleichzeitig dem Tierschutz zu gute. Lassen Sie sich unbedingt viel Zeit für die Auswahl eines geeigneten Pflegeplatzes. Sehen Sie sich vor Ort genau um, sprechen Sie ausführlich mit der zuständigen Person

und vereinbaren Sie vorab am besten mehrere Treffen, damit sich Ihr Labi und der vorübergehende Betreuer schon etwas kennenlernen.

Beobachten Sie das Verhalten Ihres Vierbeiners genau: Schnell merken Sie, ob er sich in der neuen Umgebung wohl fühlt und ob er Vertrauen zu seinem möglichen Pfleger hat. Nehmen Sie Abstand von Hundepensionen, die nur auf Ihr Geld, nicht aber auf das Wohl Ihres Hundes aus sind. Zahlen Sie andererseits lieber mehr, wenn Ihnen der Pflegeplatz optimal erscheint. Haben Sie einen vertrauenswürdigen Hundesitter gefunden, schließen Sie mit ihm einen Vertrag ab. Sprechen Sie eventuelle Vorlieben, Abneigungen und Eigenheiten Ihres Labradors an. Informieren Sie ihn außerdem über die gewohnten Fütterungs- und Gassigehzeiten. Gehorcht Ihr Vierbeiner nicht absolut zuverlässig, bitten Sie den Pfleger, Ihren Hund beim Spaziergang nicht abzuleinen. Halten Sie alle wichtigen Informationen für den Sitter am besten schriftlich fest.

Damit eventuelle Schwierigkeiten noch vor Ihrer Abfahrt geklärt werden können, bringen Sie Ihren Labi am besten schon zwei bis drei Tage vor Ihrer Reise in die Betreuungsstelle.

Unbedingt mit in das Hundegepäck für die Pflegestelle sollte der gewohnte Schlafplatz Ihres Vierbeiners.

Vorsorgende Maßnahmen können mit zu einem langen und gesunden Hundeleben beitragen.

Neben einer optimalen Pflege, Ernährung und Auslastung gibt es weitere vorsorgende Maßnahmen, die zu einem langen, gesunden Hundeleben beitragen. Hierzu gehören natürlich regelmäßige Entwurmungen und Impfungen (siehe Kasten). Außerdem ist ein hygienisches Umfeld wichtig: Achten Sie stets auf einen sauberen Futterplatz und gereinigte Näpfe. Waschen Sie auch das Hundebett öfters in der Maschine, damit Parasiten wie Milben oder Flöhe keine Überlebenschance haben. Suchen Sie Ihren Labrador zudem von Frühjahr bis Herbst täglich nach Zecken ab, denn diese infizieren Ihren Hund möglicherweise mit Borreliose. Vor starkem Befall können spezielle Präparate schützen. Ihr Tierarzt berät Sie hierzu gerne.

Eine bewährte Prophylaxe gegen Krankheitsanfälligkeit ist viel Bewegung an der frischen Luft bei jedem Wetter, denn auf diese Weise härten Sie Ihren Vierbeiner ab.

Manchen gesundheitlichen Schwachstellen Ihres Hundes können Sie gut mit Alternativmedizin begegnen und dadurch Erkrankungen vorbeugen. Hier leistet beispielsweise die Homöopathie hervorragende Dienste. So unterstützt Echinacea wirkungsvoll ein geschwächtes Immunsystem. Das Anfangsmit-

Viel Bewegung an der frischen Luft bei jedem Wetter ist eine bewährte Prophylaxe gegen Krankheitsanfälligkeit. Auf diese Weise härten Sie Ihren vierbeinigen Freund ab.

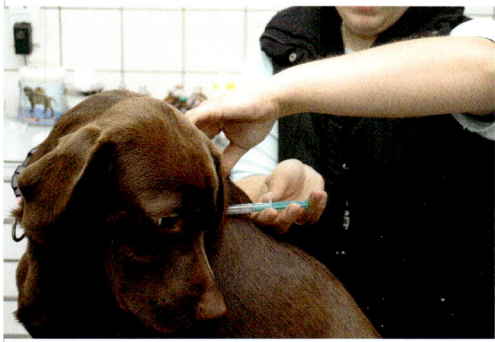

Damit Ihr Vierbeiner vor einigen sehr gefährlichen Infektionskrankheiten geschützt ist, sind regelmäßige Impfungen wichtig.

Eine Hausapotheke für Notfälle darf in keinem Hundehaushalt fehlen.

**Physiologische Daten
eines Labradors**

Körpertemperatur 38 bis 39 °C
(bei Welpen bis zu 39,3 °C)

Atemfrequenz 20 bis 30 Züge pro Minute

Pulsfrequenz 70 bis 100 pro Minute

Schleimhaut: rosa, feucht, glatt und
glänzend, ohne Auflagerungen

Bei Stress und/oder körperlicher Belastung
steigen diese Werte an

Entwurmung

*Führen Sie viermal im Jahr eine Wurmkur
bei Ihrem Labi durch, um ihn vor Darmpa-
rasiten wie Band-, Rund-, Haken- und
Peitschenwürmern zu schützen, mit denen er
sich überall in freier Natur durch tote Wild-*

*tiere oder deren
Kot infizieren
kann. Möchten
Sie Ihren Hund
nicht routinemä-
ßig entwurmen,
sollten Sie we-
nigstens alle drei
Monate eine Kotprobe von Ihrem Tierarzt
auf Würmer untersuchen lassen, damit Sie
im Falle einer Infektion schnell handeln können. Schließlich ist eine Übertragung auf
Menschen ebenfalls möglich.*

tel bei einer beginnenden Erkältung ist Aconi-
tum. Gelsemium oder Euphorbium können
bei bereits bestehendem Schnupfen und Bel-
ladonna bei Husten helfen. Zur Verbesserung
des Allgemeinbefindens wird China verabrei-
cht. Weitere wirksame Rezepte hält die Kräutermedizin parat. So tun Salbei-Tee und
-Honig Ihrem Hund bei Husten gut. Auch
Löwenzahn- und Spitzwegerich-Honig sind
empfehlenswert. Geben Sie in der Akutphase
mehrmals täglich einen Teelöffel. Anfällige,
alte oder geschwächte Tiere bekommen durch
Zufütterung von Vitamin-C-reichem Hage-
butten- oder Holunderbeerenmus neuen
Schwung. Zur allgemeinen Stärkung ist Ros-
marin sehr gut geeignet. Brennnessel und Löwenzahn kurbeln den Stoffwechsel an und
sorgen auf diese Weise für eine bessere Fitness.

Reiben Sie rissige Ballen mit Kamillen- oder
Ringelblumensalbe ein, damit sie sich nicht
entzünden. Ebenso bewährt haben sich Jo-
hanniskraut- und Lavendelöl.

Behandeln Sie eine durch Schneefressen ver-
ursachte Magenreizung mit Kamillen-Tee; er
wirkt entzündungshemmend und beruhigt die
Schleimhaut. Legen Sie bei Bauchschmerzen
warme, entspannende Kamillen-Umschläge
auf den Hundebauch.

Natürlich gehört auch ein hundesicheres Zuhause zu einer umfassenden Gesundheitsvor-

*Die Kräutermedizin hält viele krankheitsvorbeu-
gende Rezepte parat.*

Die Hausapotheke für Ihren Hund

+ Eventuell nötige Dauermedikamente
+ Mittel gegen Reisekrankheit/Beruhigungsmittel
+ Mittel gegen Durchfall
+ Wundspray/Desinfektionsmittel
+ Augen- und Ohrentropfen
+ Floh- und Zeckenmittel
+ Zeckenzange
+ Wurmkur
+ Schere
+ Fieberthermometer
+ Gaze, Verbandsmaterial
+ Pfotenschutzschuh
+ Vaseline gegen rissige Ballen
+ Eventuell Maulkorb
+ Rescue-Tropfen von Bach

sorge. So ist der beste Schutz vor Unfällen die Vermeidung gefährlicher Situationen. Was Sie dabei in Ihrer Wohnung und Ihrem Garten alles beachten müssen, lesen Sie im Kapitel „Welpensicheres Zuhause". Wenn Ihr Labi nicht zuverlässig folgt, leinen Sie ihn in unsicherem Gelände nie ab: zu schnell kommt es zu einer Katastrophe. Ein wirkungsvoller Schutz vor Vergiftungen ist, Ihrem Hund schon frühzeitig beizubringen, nur auf Befehl hin zu fressen. So nimmt er auch unterwegs nichts Unerlaubtes und eventuell Gefährliches auf.

Impfungen

Damit Ihr Vierbeiner vor einigen sehr gefährlichen Infektionskrankheiten geschützt ist, sind Impfungen wichtig. Zwar kann auch ein geimpfter Hund noch an den diversen Erregern erkranken, der Krankheitsverlauf selbst ist dann aber nur leicht, schließlich hatte das Immunsystem durch die Impfung vorab schon die Möglichkeit, sich durch die Bildung von entsprechenden Antikörpern auf die Erregerbekämpfung vorzubereiten.

Folgendes Impfschema ist angeraten:

6. bis 8. Woche *Parvovirose und Staupe*

8. Woche *Hepatitis c.c., Leptospirose und Zwingerhusten*

10. bis 12. Woche *Auffrischung Parvovirose und Staupe*

12. Woche *Auffrischung Hepatitis c.c., Leptosirose und Zwingerhusten*

ab 12. Woche *Tollwut*

*Das vom VDH und Tierärzten empfohlene Impfschema empfiehlt **mit 16 Wochen eine weitere Impfung:** Parvovirose, Staupe, Hepatitis, Leptospirose, Zwingerhusten, Tollwut*

***alle ein bis drei Jahre (je nach Hersteller) eine Auffrischungsimpfung** Parvovirose, Staupe, Hepatitis c.c., Leptospirose, Zwingerhusten, Tollwut*

Kälte, Schnee und Nässe, vor allem aber die Arbeit in kaltem Wasser kann zu einer Wasser-rute führen.

Bekannte Krankheitsbilder

Je eher Sie eine Krankheit bei Ihrem Labrador erkennen, umso besser. Beobachten Sie daher Ihren Hund gut und reagieren Sie bereits bei den ersten Anzeichen einer Erkrankung. Suchen Sie frühzeitig einen Tierarzt auf, hat Ihr Vierbeiner grundsätzlich die besten Heilungschancen. Nachfolgend stellen wir einige bekannte Krankheitsbilder vor.

Hüftgelenksdysplasie (HD)

Unter der Hüftgelenksdysplasie versteht man eine Fehlentwicklung der Hüftgelenke. Hüftpfanne und Oberschenkelkopf entwickeln sich nicht passend zueinander; weil die Pfanne zu flach, der Kopf zu klein oder nicht rund ist,

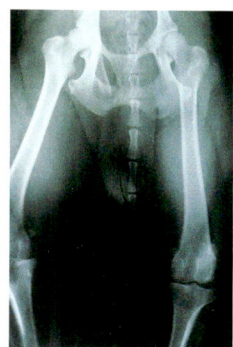

Wenn Hüftpfanne und Oberschenkelkopf nicht zueinander passen, hat dies für den Hund sehr schmerzhafte Folgen.

umschließen sich beide Teile nicht richtig; somit liegt zu viel Spiel dazwischen, das zu einer verstärkten Reibung und Abnutzung im Gelenk führt. Dysplasien sind überwiegend genetisch bedingte Entwicklungs- bzw. Wachstumsstörungen. Da vor allem große Rassen wie der Labrador davon betroffen sind, legen die Rassezuchtvereine in Deutschland auf eine sehr strenge Zuchtauswahl Wert, mit Erfolg, denn der Großteil der in deutschen VDH-Vereinen gezüchteten Labis ist inzwischen HD-frei oder zeigt Übergangsformen.

In Deutschland wird die HD je nach Ausprägung in fünf Stufen eingeteilt: HD A bedeutet HD-frei, HD B ist verdächtig, HD C steht für leichte HD, HD D bedeutet mittlere und HD E schwere HD. Da die Erkrankung für den Hund zunehmend schmerzhaft ist, sind erste Anzeichen Bewegungsunlust, -vermeidung und Lahmheit der Hinterläufe. Die medizinischen Behandlungsmöglichkeiten reichen von einer medikamentösen Schmerztherapie bis hin zu einem chirurgischen Eingriff. In der Alternativmedizin zeigt die Goldakupunktur beachtliche Erfolge. Unterstützend sind eine Ernährungsumstellung, die Vermeidung von Übergewicht und eine angemessene Bewegung (keine Ausdauer- und zusätzlich gelenkbelastende Sportarten) hilfreich. Vorbeugend ist schon für den Welpen eine gesunde Kost mit einem Proteinanteil von höchstens 22 % wichtig, ansonsten wächst der Kleine zu schnell, was eine zusätzlich ungünstige Instabilität des Bewegungsapparates zur Folge hätte. Achten Sie außerdem auf eine nur mäßige Beanspruchung der Gelenke (kurze Spaziergänge) solange sich der Junghund noch im Wachstum befindet.

Ellbogendysplasie (ED)

Die ED ist eine genetisch bedingte Entwicklungsstörung des Ellbogengelenks. Erste Anzeichen wie plötzliche Lahmheit und Bewegungsvermeidung der Vorderbeine, die sich durch vermehrte Belastung verschlimmern, zeigen sich häufig schon bei einem Welpen. Eine eindeutige Diagnose kann jedoch erst nach abgeschlossenem Wachstum erfolgen. Durch hervorstehende Knochenteile der Elle kann es zu einer zusätzlichen Knochenabsplitterung kommen. Die Vorsorge- und Behandlungsmethoden sind ähnlich wie bei der HD.
Auch bezüglich der ED herrscht in den deutschen Retrieververeinen eine strenge Zuchtauswahl, sodass es nur noch wenige ED-belastete Hunde gibt.

Katarakt (Grauer Star; HC)

Unter Katarakt versteht man eine Trübung der Linse im Auge. Die Entwicklung des Grauen Stars ist in den meisten Fällen genetisch bedingt und nicht unbedingt altersabhängig. Oft sind Labrador-Rü-

Hunde, mit denen gezüchtet werden soll, müssen auf Augenerkrankungen untersucht werden.

den vom Katarakt betroffen. Die Ausprägung der Trübung kann klein und unbedeutend sein, aber auch stark das Sehvermögen des Hundes beeinträchtigen. In letzterem Fall schafft, wie beim Menschen, eine ambulante Operation Abhilfe: die trübe Linse wird zertrümmert und abgesaugt. Anschließend setzt der auf Augenkrankheiten spezialisierte Tierarzt eine Kunstlinse ein, die dem Hund vor allem im Nahbereich ein deutlich verbessertes Sehen ermöglicht. Die Erfolgsquote liegt bei 90 %.

Progressive Retina Atrophie (PRA)

Die PRA ist ein Sammelbegriff für erbliche, fortschreitende Netzhautdegenerationen mit verschiedenen genetischen Ursachen. Durch lokale Stoffwechselstörungen im Gewebe der Netzhaut wird die Netzhaut kontinuierlich zerstört. Letztendlich führt die PRA zur vollständigen Erblindung, meist um das achte bis zehnte Lebensjahr des Hundes. Eine Behandlungsmöglichkeit gibt es nicht. Die Erkrankung beginnt mit einem verschlechterten Sehvermögen in der Dämmerung oder mit Nachtblindheit. Die VDH-Rassezuchtvereine lassen nur PRA-freie Hunde zur Zucht zu.

Myopathie

Die „Heredity Myopathy of Labrador Retrievers" (HMLR) ist eine erblich bedingte, neuromuskuläre Erkrankung, die sich bereits in der achten bis zwölften Lebenswoche durch eine deutliche Muskelschwäche und eine Volumenabnahme (Atrophie) der Muskelsubstanz bemerkbar macht. Außerdem charakteristisch sind eine teils schlenkernde und teils hüpfende Fortbewegungsweise. Ein stark zu Boden geneigter Kopf, Zittern der Glieder, gekrümmte Rückenhaltung, rasche Ermüdung, geringe Leistungsfähigkeit sowie Untergewicht sind ebenfalls typische Symptome, die sich bei Belastung und unter Kälteeinwirkung noch deutlich verschlimmern können.

Die Behandlung der Myopathie ist schwierig: Einigen Labradors kann durch die Verabreichung eines Neuroleptikums etwas geholfen werden. Kranke Tiere müssen streng geschont werden und haben kaum eine längere Lebenserwartung als ein Jahr. Myopathie-erkrankte Hunde sowie Nachkommen von Myopathie-Trägern sind von einer VDH-Zucht ausgeschlossen. Für Zuchthunde herrschen hier also strenge Zuchtauflagen.

Wasserrute

Das Auftreten einer Wasserrute ist typisch für alle Retrieverrassen, die viel bei Kälte, Schnee und Nässe, vor allem aber in kaltem Wasser arbeiten müssen. Hierbei handelt es sich um eine vorübergehende, sehr schmerzhafte Nervenentzündung durch eine Unterkühlung im Schwanzwurzelbereich. Zu erkennen ist die Erkrankung am schlechten Allgemeinbefinden des Hundes, dem schlaffen Hängenlassen der Rute, der Unfähigkeit, sich hinzusetzen, hinzulegen und zu springen.

Therapeutisch steht eine medikamentöse Entzündungs- und Schmerzhemmung an erster Stelle, außerdem eine Schonung des Hundes bis zur völligen Ausheilung. Wärme in Form von Rotlicht oder einer Wärmflasche hat sich ebenfalls bestens bewährt. Vorbeugend empfiehlt sich stets ein gründliches Abtrocknen und Warmhalten des Vierbeiners

nach der Wasserarbeit. Auch lange, kalte Warte- und Transportzeiten im Auto sind zu vermeiden.

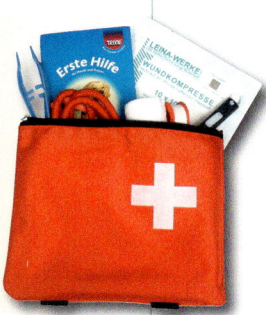

Notfall-Set

+ Elastische Mullbinden
+ Sterile Gaze
+ Selbstklebende Verbände
+ Watte
+ Pflasterrolle
+ Verbandsschere
+ Wunddesinfektionsmittel
+ Antiseptisches Puder
+ Brand- und Antihistamin-Salbe
+ Heparin-Salbe
+ Digitales Fieberthermometer
+ Taschenlampe
+ Decke
+ Eventuell Maulkorb
+ Ersatzleine
+ Einmalhandschuhe

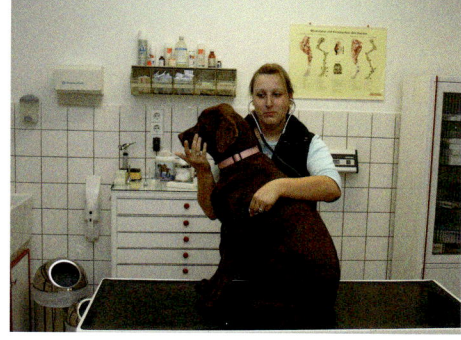

Haben Sie das Gefühl, Ihr Labrador zeigt die ersten Zeichen einer Erkrankung, wenden Sie sich an Ihren Tierarzt.

Alternative Heilmethoden

In der Naturheilkunde werden die Hunde ganzheitlich behandelt.

Auch im tiertherapeutischen Sektor sind alternative Heilmethoden zunehmend im Kommen. Bei manchen Krankheiten kann eine schulmedizinische Behandlung häufig völlig durch alternative Verfahren ersetzt werden. Meist dauert solch eine Therapie zwar länger, andererseits ist sie jedoch deutlich nebenwirkungsärmer. Bei chronischen Erkrankungen hat sich der Einsatz alternativer Heilmethoden ebenfalls bewährt. In schweren Krankheitsfällen können natürliche Verfahren mit der Schulmedizin kombiniert werden und so zusätzliche Linderung verschaffen. Im Folgenden stellen wir Ihnen einige bewährte Heilmethoden vor.

Homöopathie

Die Homöopathie, die von dem Arzt Samuel Hahnemann (1755–1843) begründet wurde, betrachtet den Menschen bzw. das Tier als Ganzes. Hier spielt nicht nur das akute körperliche Symptom eine Rolle, sondern die gesamte Persönlichkeit des Tieres mit all ihren körperlichen und seelischen Eigenheiten. Um das passende Mittel zu finden, sind also neben dem Leitsymptom auch der Wesenstyp, die Entstehung der Krankheit, der augenblickliche Zustand und weitere Besonderheiten des Patienten zu beachten. Dabei gilt der Grundsatz: Ähnliches ist mit Ähnlichem zu heilen. Homöopathika stammen überwiegend aus dem Pflanzenreich; man verwendet aber auch Mineralien, Stoffe aus dem Tierreich, Metalle und Nosoden. Mithilfe von Wasser, Alkohol oder Milchzucker entstehen aus den natürlichen Stoffen Ursubstanzen.

Diese Ursubstanzen werden nach den Angaben Hahnemanns durch entsprechende Verdünnungen zu Dezimalpotenzen (z.B. D-, C-, LM-Potenzen) verarbeitet, die der Therapeut schließlich je nach Schweregrad der Erkrankung zur Behandlung einsetzt. Homöopathische Arzneimittel gibt es als Tropfen, Tabletten, Globuli (Streukügelchen) oder Injektionslösungen. Neben den reinen Substanzen sind auch etliche homöopathische Mischpräparate erhältlich.

Phytotherapie

Unter Phytotherapie oder Pflanzenheilkunde versteht man die Lehre der Verwendung von Heilpflanzen als Medikament. Sie gehört zu den ältesten medizinischen Therapien und ist auf der ganzen Welt in allen Kulturen verbreitet. Zum Einsatz kommen dabei ganze Pflanzen und deren Teile (Blüten, Blätter, Wurzel), die auf verschiedene Weise (z.B. als Frischkraut, Aufguss, Auskochung, Kaltwasserauszug und Pulverisierung) zu einem Medikament verarbeitet werden. Meist verwendet der Phytotherapeut Stoffgemische, die sich bereits als gut wirksam bewährt haben. Auch die Homöopathie nutzt auf pflanzlicher Ebene die Erkenntnisse der Phytotherapie.

Hunde sprechen auf den Einsatz von Heilpflanzen ausgesprochen gut an.

Akupunktur

Die Akupunktur ist ein Teilgebiet der Traditionellen Chinesischen Medizin (TCM). Man geht hier von über 300 Akupunkturpunkten aus, die auf verschiedenen Meridianen (= Energiebahnen) des Körpers angeordnet sind. Durch das Einstechen von speziellen Akupunkturnadeln erwärmen sich die gestochenen Punkte und bringen das Qi (= Lebensenergie) wieder in einen intakten Fluss. Die Akupunktur gehört zu den Umsteuerungs- und Regulationstherapien. Eine Sitzung dauert ca. 20 bis 30 Minuten. Der Patient wird dabei ruhig und entspannt gelagert. Eine komplette Therapie umfasst in der Regel 10 bis 15 Sitzungen. Die Akupunktur hat sich vor allem bei Schmerzpatienten bewährt. Für Hunde mit HD oder anderen Gelenkproblemen ist dies oft die letzte Chance, schmerzfrei zu werden. Eine Spezialform der Akupunktur ist die Goldakupunktur: dabei werden kleine Goldkügelchen minimalinvasiv unter Narkose in bestimmte Akupunkturpunkte einge-

Eine Behandlung mit Akupunktur ist für viele Schmerzpatienten die letzte Möglichkeit, wieder beschwerdefrei laufen zu können.

Neben der Akupunktur wird auch die Osteopathie sehr erfolgreich bei der Behandlung von Schmerzpatienten eingesetzt.

setzt. Diese Goldkugeln bewirken eine Dauerakupunktur; die Schmerzleitung wird dadurch gehemmt und das Tier läuft somit wieder beschwerdefrei. Der Eingriff ist einmalig und wirkt in der Regel ein Leben lang. Die Goldakupunktur führt nicht jeder Tierarzt durch; Voraussetzung ist eine Ausbildung sowie langjährige Erfahrung in Akupunktur, ganzheitlicher Orthopädie und Chirurgie. Tierärzte mit der Zusatzbezeichnung „Akupunktur" sind bei den einzelnen Landestierärztekammern zu erfahren.

Osteopathie

Die Osteopathie ist eine sanfte Methode, mit deren Hilfe die Selbstheilungskräfte des Körpers neu aktiviert werden. Auch der Osteotherapeut arbeitet ganzheitlich; nach einem ausführlichen Gespräch über den Patienten und dessen Beschwerden erspürt er mit seinen Händen Körperblockaden, die er anschließend durch bestimmte Berührungstechniken auflöst (meist sind mehrere Anwendungen nötig). Auf diese Weise kommt das Körpergewebe wieder ins Gleichgewicht und alle Körperflüssigkeiten zurück in ihren natürlichen Fluss. Osteopathie wird vor allem bei Schmerzpatienten erfolgreich angewendet, wobei der Schmerz meist nur ein Symptom einer tiefer liegenden Erkrankung bzw. Blockade ist. Immer mehr Tierphysiotherapeuten bieten zusätzlich zu ihrem herkömmlichen Leistungsspektrum Osteopathie an.

Was ändert sich im Alter?

Hundesenioren gebührt besondere Aufmerksamkeit. Sie haben sich nach ereignisreichen Jahren des Zusammenlebens mit uns einen besonders schönen Lebensabend verdient.

Ein Labrador altert zwischen dem 8. und 9. Lebensjahr. Dies macht sich nicht nur durch äußere Anzeichen wie dem zunehmenden Grauwerden um Schnauze und Augen bemerkbar, sondern auch durch bestimmte Wesensveränderungen und Alterswehwehchen. Mit der Zeit wird Ihr Labi gelassener und ruhiger. Er hat ein höheres Schlafbedürfnis als früher, sein Bewegungsdrang nimmt allmählich ab. Häufig reagieren ältere Vierbeiner weniger flexibel auf Veränderungen. Eine verstärkte Anhänglichkeit, nächtliche Unruhe und geringeres Interesse an Artgenossen ist ebenfalls oft zu erkennen. Manche Hunde zeigen sich sogar schrullig und legen plötzlich bestimmte Marotten an den Tag, die sie vorher nicht hatten. Ursache hierfür können Verkalkungen im Gehirn sein, die eine Senilität bewirken. Nun ist mehr denn je Ihr Humor und Ihre Lockerheit gefragt. Zwar sollten Sie selbst mit einem alten Vierbeiner konsequent sein, trotzdem darf hier und da ein Augenzwinkern nicht fehlen.

Auch die Leistung der Sinnesorgane lässt allmählich nach: Ihr Labrador hört, sieht und riecht nun schlechter als früher. Viele Hunde zeigen außerdem eine erhöhte Neigung zu

Ein kleines Päuschen tut gut. Dann kann es weitergehen.

Übergewicht. Um den gefährlichen Folgen des Dickwerdens wie Gelenkschäden oder Herz-Kreislauf-Störungen vorzubeugen, ist eine altersangepasste Ernährung nötig.

Trotz aller Veränderungen ist es wichtig, dass Sie Ihren vierbeinigen Senior nicht als alt, senil und „unbrauchbar" abstempeln!

Auch mit einem Hundesenior sind gemeinsame Ausflüge möglich. Tragen Sie aber seinem geringeren Bewegungsbedürfnis Rechnung.

Fitmacher „Spielen"

Fordert Ihr vierbeiniger „Rentner" Sie noch zum Spielen auf, machen Sie ihm die Freude und gehen Sie darauf ein; so fühlt er sich wichtig und dazugehörig. Respektieren Sie allerdings die Tatsache, dass ältere Hunde schneller die Lust am Spielen verlieren als Jungspunde. An manchen Tagen ist Ihr betagter Freund vielleicht überhaupt nicht zum Spielen aufgelegt. Möchte Ihr Senior von heute auf morgen nicht mehr spielen, lassen Sie ihn vom Tierarzt untersuchen, denn eventuell verdirbt ihm ein akutes gesundheitliches Problem den Spaß.

Der richtige Umgang

Wer rastet, der rostet

Ihr Labrador altert schneller, wenn er sich abgeschoben fühlt und nicht mehr altersangemessen gefordert wird. „Wer rastet, der rostet" gilt also auch für alte Hunde, daher ist körperliche Aktivität besonders wichtig. Sie bringt nicht nur den Kreislauf in Schwung, auch Muskeln und Gelenke bleiben beweglich. Ebenso wird die Durchblutung aller Organe angeregt und eine optimale Sauerstoffversorgung gewährleistet. Der zusätzliche Abbau

Sportler, hat er bei entsprechender körperlicher Verfassung auch noch im Alter Spaß daran, einen Parcours mit niedrigeren Hindernissen zu überqueren. Untrainierte Vierbeiner sollten Sie jedoch nicht von heute auf morgen anstrengenden, ungewohnten Aktivitäten aussetzen. Jagdlich geführte Labis sind noch im Rentenalter für gemeinsame Pirschgänge im Revier mit eventuellen, leichten Apportieraufgaben zu begeistern.

Bei Spaziergängen ist Regelmäßigkeit und Gleichmäßigkeit sehr wichtig; das heißt: gehen Sie mit einem alten Labrador lieber

Das Toben mit dem Hundekumpel kann ein wahrer Jungbrunnen für Ihren Senior sein.

Beim Gassigehen sollten Sie Ihren Vierbeiner das Tempo bestimmen lassen.

von Stresshormonen führt zu ausgeglichener Zufriedenheit. Art und Umfang der Bewegung sollten Sie nach den individuellen Bedürfnissen, der Fitness und der allgemeinen, bis dahin erworbenen Kondition Ihres Labrador Retrievers ausrichten. Gehen Sie sensibel auf den Aktivitätsdrang Ihres Vierbeiners ein; beobachten Sie ihn gut und überfordern Sie ihn nicht. Ein Spaziergang, auf dem Ihr bellender Senior über sein Tempo und eventuelle Toberunden selber bestimmen darf, ist besser als eine Joggingrunde, bei der Ihr alter Freund nur mühsam Schritt halten kann. War Ihr Rentnerhund sein Leben lang eifriger Agility-

mehrmals täglich eine halbe Stunde spazieren, als einmal am Tag ganz lang. Diese Kontinuität sollten Sie auch am Wochenende und im Urlaub beibehalten, damit der Grad der Belastung einheitlich bleibt. Achten Sie außerdem darauf, dass Ihr Senior vor einer Übungseinheit auf dem Hundeplatz, einer Toberunde mit Artgenossen oder einer kleinen Fahrradtour genügend aufgewärmt ist. Ein unvorbereiteter Kaltstart belastet Herz, Kreislauf, Muskeln, Bänder und Gelenke zu stark. Führen Sie Ihren Labi lieber erst in gleichmäßigem Schritttempo an der Leine spazieren, ehe er sich richtig auspowern darf.

117

Im Sommer gibt es auch für den älteren Labi nichts schöneres, als im Bach ober Teich zu schwimmen. Achten Sie aber darauf, ihn hinterher gut trocken zu rubbeln, um eine Erkrankung zu vermeiden.

Gezielte Physiotherapie kann bei Krankheiten des Bewegungsapparates helfen, beispielsweise auf einem Unterwasserlaufband.

Im Anschluss an eine sportliche Betätigung sollte Ihr Senior ebenfalls in ruhigem Tempo wieder abkühlen können.

Angemessene Bewegung für Seniorhunde

Um Gelenke, Muskeln und Bänder zu schonen ist eine gleichbleibende Bewegungsabfolge empfehlenswerter als beispielsweise ein wildes Ballspiel, bei dem der Hund abrupt starten und wieder abbremsen muss.

Extrem Kreislauf belastend sind hohe, schwüle Sommertemperaturen: verlegen Sie Spaziergänge und sportliche Aktivitäten mit Ihrem Rentner an solchen Tagen also lieber auf die kühlen Morgen- und Abendstunden.

Nach wie vor ein toller Sommersport für alte Labis ist Schwimmen. Der dabei ausgeführte gleichmäßige Bewegungsablauf schont den Kreislauf und die Gelenke. Hier kann Ihr Labrador auch sein Tempo und das Maß der Bewegung gut selbst bestimmen. Nichtschwimmer plantschen vielleicht lieber à la Kneipp. Nutzen Sie in der warmen Jahreszeit also jeden Bach oder Teich, an dem sie vorbeikommen. Rubbeln Sie einen empfindlichen Hund an kühlen Tagen jedoch unbedingt gut

trocken, denn Nässe und Wind führen schnell zu einer gefährlichen Lungenentzündung oder einem schmerzhaften Rheumaschub. Für die kalten Wintermonate gibt es inzwischen schon vereinzelt Hundeschwimmbäder; diese sind in der Regel einer Praxis für Tierphysiotherapie angeschlossen.

Leidet Ihr Vierbeiner bereits unter körperlichen Beschwerden, müssen Sie ihn dennoch nicht völlig ruhig stellen. Bei etlichen chronischen Erkrankungen trägt ein individuell abgestimmtes Mobilitätsprogramm oft sogar zur Besserung bei. In der Akutphase kann allerdings vorübergehende Ruhe nötig sein. Am besten besprechen Sie sich in einem solchen Fall mit Ihrem Tierarzt. Er klärt Sie je nach Art und Schwere des Leidens Ihres Labis darüber auf, welche Bewegungen erlaubt und welche verboten sind. Bei Krankheiten des Bewegungsapparates hilft auch eine gezielte Physiotherapie.

Beschäftigungstipps für Seniorhunde

Viele Hunde spielen noch bis ins hohe Alter, meist zwar nicht mehr mit Artgenossen, dafür aber in kurzen Sequenzen mit Herrchen oder

Frauchen. Spielen macht dann nicht nur Spaß, sondern hat für ältere Vierbeiner sogar einen therapeutischen Nutzen – es bedeutet Ablenkung von kleineren Alterswehwehchen sowie Stärkung des altersmäßig häufig angeknacksten Selbstbewusstseins, denn der bellende Senior steht plötzlich wieder ganz im Mittelpunkt und erhält viel Lob, das zu neuem Stolz verhilft. Etliche Graue Schnauzen fallen durch ein lustiges Spiel sogar regelrecht in einen Jungbrunnen. Und: Hunde, die ihr Leben lang spielerisch gefordert wurden, bleiben generell länger fit und gesund. Selbstverständlich verlangt das Spielen mit älteren Vierbeinern erhöhte Rücksichtnahme auf den aktuellen Gesundheitszustand sowie die bis dahin erworbene Kondition. Ein Hund, der unter Arthrose leidet, sollte beispielsweise keine Hindernisse

Ein täglicher Slalom durch Ihre Beine verhilft Ihrem Seniorhund zu mehr Beweglichkeit, denn der Hundekörper wird einmal nach links und einmal nach rechts gedehnt und so weiter.

überspringen, kann dafür aber noch leichte Gegenstände apportieren oder eine Fährte erschnüffeln. Diverse Zipperlein sind also noch kein Grund, generell auf Spiel und Spaß zu verzichten. Mit etwas Fantasie, viel Einfühlungsvermögen und Humor findet man genügend Möglichkeiten, auch einen Seniorhund altersangemessen zu fordern.

🐕 *Arthrose- und HD-geplagte Vierbeiner dürfen ihr Können bei einem konzentrierten Lauf über ein Cavaletti-Hindernis beweisen. Legen Sie hierfür eine Leiter etwas erhöht auf den Boden und achten Sie darauf, dass Ihr wedelnder Gefährte eine Pfote nach der anderen in die Sprossenzwischenräume setzt.*

🐕 *Haben Sie einen alternden, aber noch fitten Sportler im Haus, lassen Sie ihn über niedrige Hürden oder durch einen höhenverstellbaren Reifen springen. Letzterer lässt sich problemlos aus einem Fahrradreifen, der in einen Skistock eingefädelt ist, selbst bauen.*

🐕 *Bieten Sie Ihrem vierbeinigen Rentner außerdem Schnüffelspiele an, die seine*

Allroundhelfer „Spaziergang"

Regelmäßiges Spazierengehen ist für alte Hunde toll und sehr wichtig. Der Vierbeiner kann hier sein Tempo selbst bestimmen. Die Bewegungsabläufe sind in der Regel gleichmäßig. Außerdem hält ein Gang an der frischen Luft viele Sinneseindrücke parat: Ihr Senior hat Kontakt zu Artgenossen und zu anderen Menschen. Zudem nimmt er unterschiedliche Gerüche wahr („Zeitung lesen"). Und: Die Bewegung draußen bei jedem Wetter stärkt das Immunsystem. Ein Spaziergang wird abwechslungsreicher, wenn Sie unterwegs kleine Spielchen oder Gehorsamkeitsübungen einstreuen. Nehmen Sie es Ihrem Rentner aber nicht krumm, wenn er mal einen schlechteren Tag und somit keine Lust auf Gaudi hat. Stecken Sie zur Belohnung immer die Lieblingsleckerlis Ihres bellenden Freundes ein. Auch die regelmäßige Verabredung mit anderen Hundebesitzern macht die tägliche Bewegung kurzweiliger.

119

Auch der Hundesenior kann noch neue Tricks lernen. Das macht nicht nur Spaß, sondern hält fit und trainiert die grauen Gehirnzellen.

Sinne und die Konzentrationsfähigkeit fördern. Da die Riechleistung im Alter abnimmt, sind stark duftende „Lockstoffe" wie getrockneter Pansen empfehlenswert, mit dem Sie beispielsweise eine Fährte durch den Garten legen können. Das sogenannte Duftglas, ein mit Leckerlis gefülltes und einem durchlöcherten Schraubdeckel verschlossenes Marmeladenglas, eignet sich ebenfalls hervorragend für Suchspiele. Hat Ihr Labi das versteckte „Überraschungsei" gefunden, bekommt er als Belohnung natürlich den schmackhaften Inhalt.

Das Apportieren leichter Gegenstände, wie hier zum Beispiel eines Handschuhes, steht bei vielen älteren Vierbeinern noch hoch im Kurs.

🐕 Apportieren steht bei vielen älteren Freaks ebenfalls noch hoch im Kurs. Mit Rücksicht auf den schon abgenützten Bewegungsapparat des Hundes sollten die zu bringenden Gegenstände allerdings wenig wiegen. Ansonsten sind Ihrer Fantasie kaum Grenzen gesetzt: ob Plastikgießkanne, Zeitung, Hausschuhe oder Schirm, Ihr bellender Gentleman wird Sie sicherlich nicht enttäuschen.

🐕 Hat Ihr Vierbeiner im Laufe seines Lebens Kunststückchen gelernt, fragen Sie diese immer wieder ab, denn das hält geistig fit. Hunde, die hier über Jahre hinweg trainiert wurden, lernen selbst noch im Alter problemlos neue Tricks. Aber auch für eher ungeübte Rentner ist eine Neueinstudierung leichter Übungen wie Pfotegeben oder Sich-Schlafend-Stellen machbar und sinnvoll, denn durch Kopfarbeit bleiben ergraute Schnauzen deutlich länger jung. Selbst die wiederholte Abfrage des Grundgehorsams ist für alte Hunde eine wichtige Bestätigung.

Das gemeinsame Spielen mit einem Seniorhund bringt nicht nur viel Spaß und neue Lebensfreude, sondern schweißt Sie noch enger zu einem tollen Team zusammen. Nützen Sie die Zeit miteinander so lange es geht!

Pflege und Wellness

Richtig verwöhnen können Sie Ihren vierbeinigen Liebling mit einigen Anwendungen aus dem Wellnessbereich. So wird durch eine entspannende Bürstenmassage beispielsweise nicht nur abgestorbenes Haar herausgekämmt, sondern auch die vermehrte Durchblutung der Haut angeregt. Intensives Streicheln wirkt ebenfalls wie eine angenehme, vitalisierende Massage. Massieren Sie Ihren

Pflege-Tipps für Seniorhunde

✓ Regelmäßige Zahnkontrolle sowie Zähneputzen sind empfehlenswert, denn Prophylaxe schützt wirksam vor vielen Zahnproblemen.

✓ Bürsten Sie Ihren Labrador einmal in der Woche.

✓ Kontrollieren Sie regelmäßig die Haut auf Veränderungen, eventuelle Liegeschwielen und die Krallen.

✓ Tasten Sie Ihren Senior wöchentlich nach eventuellen Veränderungen ab.

✓ Entwurmen Sie auch den älteren Labi alle drei bis vier Monate.

✓ Reinigen Sie regelmäßig Augen, Ohren, Scham bzw. Penis.

✓ Rauchen Sie nicht in der Gegenwart Ihres Hundes, denn Passivrauchen beschleunigt den Alterungsprozess.

✓ Geben Sie Ihrem Vierbeiner einen warmen, weichen und vor Zugluft geschützten Schlafplatz, denn Sie hygienisch sauber halten.

✓ Gehen Sie ein- bis zweimal im Jahr zur Altersvorsorgeuntersuchung zu Ihrem Tierarzt.

Labi sanft mit kreisförmigen Bewegungen. Lockernd wirkt ein leichtes Kneten und Rollen von Haut und Muskeln. Die Aromatherapie kann Hundesenioren zu neuer Energie verhelfen; sie stärkt den Kreislauf, aktiviert die Abwehrkräfte und fördert die seelische Ausgeglichenheit. Außerdem wird ihr eine besonders erfrischende Wirkung nachgesagt. Geben Sie einige Tropfen der ätherischen Öle entweder in eine Duftlampe, in ein Kräutersäckchen oder direkt auf den Liegeplatz des Hundes, allerdings sehr sparsam dosiert, damit die feine Hundenase den Geruch nicht als störend empfindet. Für ältere Vierbeiner sind besonders Lavendel, Zitrone, Grapefruit, Orange, Geranium und Muskatellersalbei empfehlenswert, denn sie haben auf den gesamten Organismus eine stärkende und aufbauende Wirkung.

Verwöhnen Sie Ihren Senior doch mal mit einigen Anwendungen aus dem Wellnessbereich.

Mit alternativen Heilmethoden zu neuer Lebensqualität

Bei manchen Altersbeschwerden können Hunden unterschiedliche Verfahren aus der Naturheilkunde helfen. So hält die Homöopathie mit Präparaten wie Echinacea zur Stärkung der Abwehrkräfte, Crataegus zur Anregung und Stabilisierung der Herztätigkeit und Vermiculite gegen Zahnstein und Zahnfleischentzündungen bewährte Mittel bereit. Bachblüten helfen bei Tieren mit altersbedingten Wesensveränderungen.

Um das richtige Präparat für Ihren Hund zu finden, besprechen Sie sich am besten mit einem naturheilkundlich erfahrenen Tierarzt. In der Schmerztherapie erzielt die Akupunktur sehr gute Erfolge. Schmerzmittel lassen sich dadurch meist deutlich reduzieren,

121

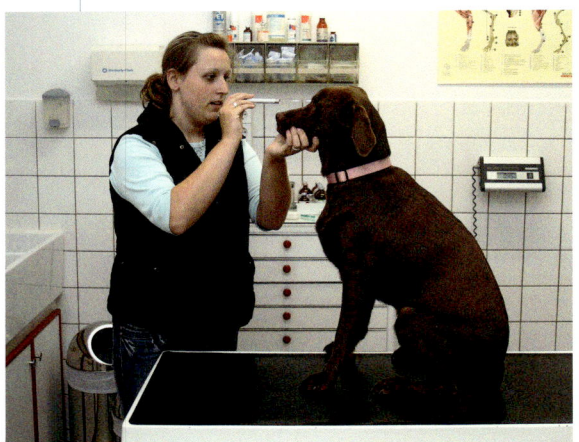

Ihren Labi sollten Sie alle sechs Monate Ihrem Tierarzt zur Altersvorsorgeuntersuchung vorstellen.

manchmal werden sie sogar gänzlich überflüssig. Die Akupressur ist eine Abwandlung der Akupunktur; hier ersetzen die Berührung und der Druck der Finger die Nadeln. Dies wirkt sich nicht nur sehr positiv und entspannend auf den Körper aus, sondern auch auf die Seele Ihres Vierbeiners.

Einfache Hausmittel tun Ihrem Hundesenior ebenfalls gut. Leidet Ihr Labrador beispielsweise an Rheuma, legen Sie eine Wärmflasche oder ein erwärmtes Dinkel- oder Kirschkernkissen in den Hundekorb; ein auf diese Weise vorgewärmtes Körbchen wirkt sich auch bei Hunden mit Gelenkproblemen sehr positiv aus.

Bekommt Ihr bellender Senior nach einer längeren Wanderung Muskelkater, schaffen Einreibungen und Umschläge mit Arnikasalbe oder verdünnter -tinktur Erleichterung. In der kalten Jahreszeit bewährt sich diese Behandlung ebenfalls bei älteren Hunden mit rheumatischen Muskel- oder Gelenkbeschwerden.

Ein weiteres sehr breites Heilungsspektrum bietet die Physiotherapie, die neben spezieller Krankengymnastik diverse Wasser-, Massage-, und Magnetfeldtherapien beinhaltet. Lassen Sie also Ihren vierbeinigen Senior im Fall der Fälle neben dem eigenen Verwöhnprogramm auch von den therapeutischen Fortschritten der Tiermedizin profitieren. Er hat es sich nach Jahren treuer Freundschaft redlich verdient!

Ernährung

Selbstverständlich darf eine dem Alter entsprechend angepasste Ernährung nicht fehlen. Stellen Sie Ihren Labrador langsam auf eine leichtere, energieärmere Nahrung um, damit er nicht übergewichtig und dadurch zusätzlich träge wird; immerhin sinkt der Energiebedarf Ihres Hundes im Alter um etwa 20 %. Füttern Sie nun zwei- bis dreimal am Tag, denn mehrere kleine Portionen sind leichter zu verdauen als eine Große. Achten Sie unbedingt auf die Linie Ihres Labis, denn schlanke Hunde sind gesünder und leben länger. Im Fachhandel erhalten Sie spezielles Seniorfutter, das extra auf die Bedürfnisse und den verlangsamten Stoffwechsel alter Hunde abgestimmt ist. Bei diversen Erkrankungen bekommen Sie ein genau abgestimmtes Diät-

Extra-Tipp

Füttern Sie im Sommer nicht in der größten Mittagshitze: ein voller Bauch wirkt bei großer Hitze zusätzlich kreislaufbelastend.
Lassen Sie Ihren Senior nach dem Fressen ca. 1 Stunde ruhen.

futter über den Zoofachhandel oder Ihren Tierarzt. Allgemein sollte Seniorfutter besonders schmackhaft und hochverdaulich sein. Geben Sie keine Nahrungsergänzungsmittel (Vitamine, Mineralstoffe), ohne es vorher mit Ihrem Tierarzt abgesprochen zu haben, denn auch Vitamine oder Mineralien können überdosiert schaden. Täglich frisches Trinkwasser darf natürlich nicht fehlen. Hat Ihr Hund deutlich weniger Durst, stellen Sie ihn auf Nassfutter (Dosenfutter) um oder mischen Sie seinem herkömmlichen Futter zusätzlich Wasser bei, damit er nach wie vor ausreichend mit Flüssigkeit versorgt wird.

Stecken Sie Ihrem Vierbeiner keine Süßigkeiten und Essensreste zu. Dies wäre falsch verstandenes Verwöhnen und schadet älteren Hunden besonders. Belohnen Sie nur mit echten Hundeleckerlis; inzwischen gibt es sogar schon Leckereien in Senior- oder Lightqualität.

Leckerli-Spaß für betagte Vierbeiner

Mit folgendem Leckerli-Rezept können Sie Ihren Labi mal so richtig verwöhnen:

Sie benötigen folgende Zutaten:
100 g feine Senior-Hundeflocken
2 Eier
4 TL Senior-Dosenfutter

Alle Zutaten werden in einer Schüssel zu einem Teig verarbeitet. Daraus formen Sie nun kleine Bällchen, legen diese auf ein mit Backpapier ausgelegtes Backblech und lassen sie ca. 35 Minuten bei 175 °C im bereits vorgeheizten Backofen fest werden. Dieses Rezept ist für jeden Hundetyp geeignet, denn ganz gleich, ob er Diätfutter braucht oder in Bezug auf Leckerli besonders wählerisch ist, Sie können dafür Ihr ganz normales tägliches Hundefutter verwenden. Füttern Sie normalerweise keine feinen Flocken, sondern gröberes Futter,

wird dies vorher einfach in einer Küchenmaschine zerkleinert. Geben Sie Ihrem Rentner-Hund allerdings nur ein bis zwei dieser Leckerlis täglich, denn sie sind sehr gehaltvoll.

Damit der Spaß komplett wird, kann sich der Vierbeiner seine „Plätzchen" erarbeiten; dazu darf natürlich die richtige Verpackung nicht fehlen. Hier empfiehlt sich beispielsweise eine kleine Papiertüte oder ein ausrangiertes Stofftaschentuch. Aber auch ein alter Socken birgt, mit ein bis zwei Leckerlis gefüllt, einen großen Auspackspaß für den Hund und ist, geleert, anschließend auch noch ein tolles Spielzeug. Eine weitere geeignete Verpackung ist eine kleine Schachtel, beispielsweise von einer Glühbirne, oder einfach nur altes Zeitungspapier.

Die meisten Labis haben einfach immer Hunger. Gerade bei dem Senior ist es aber doppelt wichtig, genau auf sein Gewicht zu achten!

Abschied

Ein Hundeleben währt leider nicht ewig und so ist auch irgendwann nach Jahren des gemeinsamen Zusammenlebens die Zeit des Abschieds gekommen. Manche Senioren schlafen einfach friedlich ein. Häufig jedoch wird der Hundebesitzer in die verantwortungsvolle Pflicht genommen, über Leben und Tod des Hundes selbst zu entscheiden. Wenn Ihr Labrador leidet, ihm das Leben zur Qual wird, weil selbst die Tiermedizin an ihre Grenzen kommt und ihm seine Schmerzen nicht mehr nehmen kann, ist es an der Zeit, ihn von seinem Leiden zu erlösen. Viele Tierärzte kommen hierfür auch zu Ihnen nach Hause, damit dem gebrechlichen Vierbeiner weiterer

Der endgültige Abschied von dem geliebten vierbeinigen Freund ist für Kinder besonders schwer.

> ### Tierbestattungen
>
> *Adressen von Tierfriedhöfen und -krematorien in Ihrer Nähe bekommen Sie über den Bundesverband der Tierbestatter e. V.:* **www.tierbestatter-bundesverband.de** *Eventuell können Ihnen aber auch Ihr Tierarzt oder der örtliche Tierschutzverein weiterhelfen.*

Stress durch einen unnötigen Transport erspart bleibt, und er in seiner gewohnten Umgebung ruhig und würdevoll für immer einschlafen darf.

Der Abschied von Ihrem langjährigen, treuen Begleiter ist natürlich mit großer Trauer verbunden. Haben Sie sich jedoch sein Hundeleben lang auf seine Bedürfnisse eingestellt und waren Sie in guten wie in schlechten Zeiten für ihn dar, ist die Gewissheit eines erfüllten, tollen Hundelebens, das Ihr Labi bei Ihnen hatte, vielleicht ein kleiner Trost. Da die Trauer um einen geliebten Vierbeiner nicht zu unterschätzen ist, gibt es inzwischen in vielen Orten Tierfriedhöfe oder -krematorien, die durch einen ganz bewussten Abschied und einen festen Ort der Trauer, den man jederzeit besuchen kann, die Trauerarbeit und das Loslassen erleichtern.

Natürlich wird Ihr verstorbener Labrador unersetzlich bleiben, trotzdem stellt sich Ihnen nach einiger Zeit vielleicht wieder die Frage nach einem neuen Hund. Stimmen auch dann noch alle Voraussetzungen für eine Anschaffung, ehren Sie das Andenken an Ihren Vierbeiner, indem Sie sich einen neuen Labi anschaffen. Doch machen Sie nicht den Fehler, ihn mit Ihrem vorigen Hund zu vergleichen. Jeder Labrador ist absolut einmalig und auf seine ganz eigene Weise liebenswert.

Hilfreiche Adressen und Links

Rassezuchtvereine Deutschland

Labrador Club Deutschland e. V.
Andrea Kienitz (Geschäftsstelle)
Markenweg 2
D-48653 Coesfeld
Tel: 02541-92 60 974
Fax: 02541-9260975
www.labrador.de

Deutscher Retriever Club e. V.
Dr. Petra Schneller
Dorfstr. 67
D-14943 Lüdersdorf
Tel: 033731-315 17
Fax: 033731-318 55
www.drc.de

Österreich

Österreichischer Retriever Club
Maria Hutsteiner (Welpenvermittlung, ÖRC-Sekretariat)
Flötzerweg 163
A-4030 Linz
Tel: 0043-(0)699-14 19 19 17
www.retrieverclub.at

Schweiz

Retriever Club Schweiz
Iris Steiner (Labrador-Infostelle)
Mangelegg 110
CH-6430 Schwyz
Tel: 0041-(0)811-70 40
www.retriever.ch

Kynologenverbände

Verband für das Deutsche Hundewesen (VDH)
Westfalendamm 174
(Geschäftsstelle)
D-44141 Dortmund
Tel: 0231-565 00-0
Fax: 0231-59 24 40
www.vdh.de

Österreichischer Kynologenverband (ÖKV)
Siegfried-Marcus-Str. 7
(Geschäftsstelle)
A-2362 Biedermannsdorf
Tel: 0043-(0)2236-71 06 67
Fax: 0043-(0)02236-71 06 67-30
www.oekv.at

Schweizerische Kynologische Gesellschaft (SKG)
Brunnmattstrasse 24
(Geschäftsstelle)
CH-3007 Bern
Tel: 0041-(0)31-306 62 62
Fax: 0041-(0)31-306 62 60
www.hundeweb.org

Haustierregister

Deutscher Tierschutzbund e. V.
Baumschulallee 15
(Geschäftsstelle)
D-53115 Bonn
Tel: 0228-60 49 60
Fax: 0228-60 49 640
www.tierschutzbund.de

TASSO e. V.
Haustierzentralregister
Frankfurter Straße 20
D-65795 Hattersheim
Tel: 06190-93 73 00
Fax: 06190-93 74 00
www.tiernotruf.org

Internationale Zentrale Tierregistrierung (IFTA)
Nördliche Ringstraße 10
D-91126 Schwabach
Tel: 00800-43 82 00 00
Fax: 09122-88 51 989
www.tierregistrierung.de

Interessante Links zu Internetseiten rund um den Hund:
www.partner-hund.de
www.hundefinder.de/hundeschulen
www.ferien-mit-hund.de
www.flughund.de
www.haustierratgeber.de

Der Verlag ist nicht für den Inhalt von Internetseiten und deren Links verantwortlich.

Dank

Mein besonderer Dank gilt Carola und Wilfried Hudelmaier vom Zwinger „Timanfaya Sun Down" für die fachliche Mitarbeit und Beratung. „Tierfotografie Brinkmann" (www.brinkmanntierfoto.de) und allen zwei- und vierbeinigen Modells möchte ich für die professionelle Bebilderung danken, die so ein Buch erst lebendig macht. Ein weiterer Dank geht an Karin Meyer für ihren großen Einsatz und ihr unermüdliches Engagement. Herzlicher Dank auch Esther Stuckmann mit „Balou" und „Shadow" für ihre spontane Hilfsbereitschaft bei den letzten Fotoaufnahmen.

Der Firma Trixie danke ich für die freundliche Bereitstellung sämtlichen Hundezubehörs und Vroni Reisinger für die fotografische Unterstützung.

Ein dickes Dankeschön Ingrid Heindl (www.tierphysiotherapie-bayern.de), die mir immer mit Rat und Tat zur Seite steht.

Außerdem gilt mein Dank Familie Schmitt und Tobias Volg für ihren steten Rückhalt in allen Fragen und Bereichen sowie meinen Redaktionshunden „Luzie" und „Peggy" für ihr beruhigendes Schnarchen während meiner Arbeit und unsere gemeinsamen, entspannenden Spaziergänge und Spielrunden zwischendurch.

Bildnachweis

Alle Bilder Bernd Brinkmann
Außer:
bede-Archiv, Seite: 109 unten
Isabelle Francais, Seiten: 3 oben, 4, 8 oben, 14, 15(2), 18 links, 21, 22 oben, 25 unten, 27, 28 umten, 31 oben rechts, 34 oben links, 36 oben, 37 oben, 40 unten, 42 unten, 46 rechts, 50 unten rechts, 51, 53 unten, 55(2), 57 unten, 58, 66 links, 67, 68 unten (2), 74, 76 unten, 78 unten, 80 oben, 99, 100, 101 oben, 120 unten, 103 oben, 107 unten
Karin van Klaveren, Seiten: 3 Mitte oben, 10 unten, 16 links, 17, 19 oben, 28 unten, 29 oben, 49, 52 unten, 53 oben, 65, 71 unten, 84 unten, 97 oben, 106 oben, 112, 114, 116 unten, 117, 121 rechts
Annette Schmitt, Seiten: 37 unten, 71 oben, 72 oben u. Mitte, 78 oben, 118 rechts, 121 links, 122 Mitte, 123 oben
Christine Steimer, Seiten: 102 Mitte, 108
Trixie, Seiten: 32(3), 33 unten, 34(5), 46(2), 55, 56(2), 68(3), 70, 111

Register

Hinweis: Die in diesem Buch enthaltenen Empfehlungen und Angaben sind von den Autoren mit größter Sorgfalt zusammengestellt und geprüft worden. Eine Garantie für die Richtigkeit der Angaben kann aber nicht gegeben werden. Autoren und Verlag übernehmen keinerlei Haftung für Schäden und Unfälle. Der Leser sollte bei der Anwendung der in diesem Buch enthaltenen Empfehlungen sein persönliches Urteilsvermögen einsetzen.

Impressum

Bibliografische Information der Deutschen Nationalbibliothek
Die Deutsche Nationalbibliothek verzeichnet diese Publikation in der Deutschen Nationalbibliografie; detaillierte bibliografische Daten sind im Internet über http://dnb.d-nb.de abrufbar.

© 2010 Eugen Ulmer KG
Wollgrasweg 41, 70599 Stuttgart (Hohenheim)
E-Mail: info@ulmer.de
Internet: www.ulmer.de
Umschlagentwurf: Sojus Design, Kai Twelbeck, Stuttgart
Titelfoto: Bildagentur Waldhäusl/IB/Stefanie Krause-Wieczorek
Repro: Timeray, Herrenberg
Druck und Bindung: Firmengruppe Appl, aprinta Druck, Wemding, Germany
Printed in Germany

ISBN 978-3-8001-6730-2

Auf den Hund gekommen?

Der Hund gilt zu Recht als der „treue Gefährte" des Menschen. Damit Sie sich mit Ihrem vierbeinigen Freund noch besser verstehen, bietet der Verlag Eugen Ulmer herausragende Fachliteratur von Spezialisten.

Die Welpenschule.
Der sanfte Weg zum Familienhund.

Celina del Amo
3. Aufl. 2010. 112 S., 60 Farbf.,
4 Zeichn., Klappenbroschur.
ISBN 978-3-8001-5956-7.

Apportierspiele.
Dummyarbeit Schritt für Schritt.

Lynn Hesel
2009. 96 S., 77 Farbf., kart.
ISBN 978-3-8001-5796-9.

Spaßschule für Hunde.
100 x spielen, tricksen, clickern.

Celina del Amo
2., überarbeitete Aufl. 2009.
127 S., 53 Farbf., 20 Zeichn., kart.
ISBN 978-3-8001-5662-7.

Das 4-Wochen Erziehungsprogramm für Hunde.
Tag für Tag - Schritt für Schritt.

Ophelia Nick
2010. 96 S., 73 Farbf., Klappenbroschur.
ISBN 978-3-8001-5906-2.

Homöopathie für Hunde.

Vera Misol, Gabi Franz
2008. 96 S., kart.
ISBN 978-3-8001-5481-4.

www.ulmer.de

Ulmer